心 理 学 宇 宙 系 列

拖延星人
自救指南

如何高效工作与生活

黄荧 编著

中国法制出版社

CHINA LEGAL PUBLISHING HOUSE

图书在版编目 (CIP) 数据

拖延星人自救指南：如何高效工作与生活 / 黄荧编著 . —北京：中国法制出版社，2021.5

ISBN 978-7-5216-1789-4

Ⅰ .①拖…　Ⅱ .①黄…　Ⅲ .①成功心理—通俗读物　Ⅳ .① B848.4-49

中国版本图书馆 CIP 数据核字（2021）第 058311 号

策划编辑：李　佳（amberlee2014@126.com）

责任编辑：李　佳　王　悦　　　　　　　　　　封面设计：汪要军

拖延星人自救指南：如何高效工作与生活
TUOYANXING REN ZIJIU ZHINAN: RUHE GAOXIAO GONGZUO YU SHENGHUO

编著 / 黄　荧

经销 / 新华书店

印刷 / 三河市紫恒印装有限公司

开本 / 880 毫米 × 1230 毫米　32 开　　　　印张 / 8　字数 / 163 千

版次 / 2021 年 5 月第 1 版　　　　　　　　2021 年 5 月第 1 次印刷

中国法制出版社出版

书号 ISBN 978-7-5216-1789-4　　　　　　　定价：39.80 元

北京西单横二条 2 号　邮政编码 100031　　　传真：010-66031119

网址：http://www.zgfzs.com　　　　　　　　编辑部电话：010-66054911

市场营销部电话：010-66033393　　　　　　邮购部电话：010-66033288

（如有印装质量问题，请与本社印务部联系调换。电话：010-66032926）

前言
Preface

你是否做事磨磨蹭蹭，总喜欢把工作拖到最后一刻才去完成？

你是否极度追求完美主义，以至于原本该实施的计划一拖再拖？

你是否经常下定了决心要行动，却又因为这样或那样的琐事而拖延？

你是否对工作失去了兴趣，每天都得过且过地去应付上司交代的任务？

……

倘若以上问题你都选择了肯定的回答，那么，我们只能遗憾地通知你，你可能已经受到了拖延的影响。

也许，在很多人看来，拖延不过是个无伤大雅的"小毛病"，殊不知，它不仅会让我们的工作效率低下，还会令我们出现自责、内疚、自卑等心理。随着这些情况的加重，我们甚至会滋生出一系列的消极观念，甚至冒出厌世的念头。总之，拖延症是一种危害较大的心理疾病，不利于我们的身心健康。

在拖延的世界里，时间是混乱的，情绪是糟糕的，生活是没有秩序的。这里充满了紧张、焦虑和不安，充满了对未来的担心和恐惧。活在这里的人们害怕失败，但同时也害怕成功，他们在爱的面前感到无助和彷徨，在竞争面前感到无所适从，他们力求尽善尽美，最终却只能在时间的逼迫下仓促完成任务。

看到这里，你是否已经感到恐慌了呢？其实大可不必如此，因为拖延症虽然危害较大，但并非不可治愈的"疾病"。无论你现在从事的是何种职业，也不管你的拖延习惯发展到了何种地步，只要弄清楚拖延背后的真相，便能有针对性地去根治它。

本书是一本献给"拖延星人"的自救指南，它从心理学的角度出发，以科学、生动、有趣的讲述方式，带领读者直抵拖延的心理根源，找到战胜拖延的有效对策。阅读本书后，读者不仅可以清晰地认识到拖延的本质及其危害性，还能从自我调控、解放心智、建立目标、制订计划、高效执行、管理时间等方面来克服拖延，从而逐步摆脱拖延对自己造成的困扰，爆发出潜力，提升效率，更高效地工作和生活。

为了帮助读者更好地了解自己，作者在书中提供了多项测试。需要注意的是，这些测试并不具有诊断力，测试的结果仅供参考。如果你需要准确了解自己的情况，请前往专业的心理咨询机构或咨询专业心理咨询师。

目录
Contents

第三章　深度"战拖"，消灭拖延滋生的心理根源

第四章　自我调控，逐步打败爱拖延的自己

第九章 管理时间，彻底终结拖延的恶习

第一章

改善拖延，从认识拖延的本质开始

什么是拖延症

什么是**拖延症**？这是一种**大众心理疾病**，具体表现为**长期并反复拖延工作或学习任务等**，最终形成了拖延的恶习。当下，拖延几乎已经成了现代人的通病，无论是在工作上，还是在生活中，人们总会出于各种原因将事情一拖再拖，如"这事先放放，待会儿再行动""今天太累了，明天再继续吧""不急，等准备好了再说"……时间久了，许多人就不知不觉地患上了拖延症。

你若不信，不妨来看看李明的亲身经历。

这天，李明起了个大早去上班，在去往公司的途中，他信誓旦旦地下定了决心，一到办公室便着手草拟下一年度的部门预算，务必要在今天完成这项工作。

不到9点，李明便走进了办公室，但他并没有立刻开始预算的草拟工作，而是忍不住先收拾起自己的办公桌和办公室来，因为它们实在是太乱了：办公桌上堆满了各种资料，茶几上放着两个用过的杯子，还有一圈水渍……他花了半个多小时的时间使办公室变得窗明几净，终于为自己创造了一个干净、舒适的工作环境。

整理完办公室后，李明看着自己洁净的办公室，满脸得意地随手点了一支香烟，稍作休息。就在此时，他无意中发现报纸上有一则来自家乡的新闻。想起自己远在老家的父母，他情不自禁地拿起报纸阅读了起来。等他把报纸放回报架上时，时间又过了将近一刻钟。这时他略感不自在，因为他已经食言。

不过，李明很快便释怀了，因为看报纸虽耽误了些时间，但也是他的一种日常习惯。接着，他迅速地恢复了状态，开始正襟危坐地准备埋头工作，却突然听到了一阵手机铃声。电话是一位老顾客打来投诉的，无奈之下，他只能先平息对方的怒火，又花了20多分钟连解释带赔罪，这才将这件事解决。

挂了电话后，身心俱疲的李明去了一趟洗手间。在回办公室的途中，他碰巧遇到了自己的好哥们儿，对方见他状态不太好，便过来询问其中的缘由。不知不觉地，两人竟热火朝天地聊了起来。他们从各自在公司里的处境，聊到了身边的同事，以及各自家中的一些琐事等。聊天结束后，李明回到了自己的办公室，他满以为终于可以开始工作了，可抬手一看表，已经是10点47分了！

此时，距离11点钟的午饭时间只剩下不到一刻钟，而且李明下午还要参加公司的部门联合会议。无奈之下，他只好将草拟预算的工作推迟到了明天。

其实很多时候，我们都并非刻意地去拖延，而是掉进了拖延的旋涡而不自知。就像案例中的李明那样，一次又一次地拖延工作，却一次又一次地说服了自己，直到彻底放弃完成工作为止。生活中，由于环境的不断变化，以及心理特征的改变，人们内心的压力越来越大，以致滋生了不少负面情绪，如自责、负罪感、自我否定等，这些都是滋养拖延症的温床，还会使"病情"日益加重。

那么，究竟什么是拖延症呢？我们不妨来慢慢地分析。

拖延症首先是一种心理上的疾病，患有拖延症的人，通常还会伴有焦虑、抑郁等心理症状。当这些症状作用在人的身体上时，便会导致反复拖延的现象，直到最后形成一种条件反射。这时的拖延就不仅仅是心理上的疾病了，还包括行为上的自我调节失败。具体而言，即在能够预料后果有害的情况下，仍然把自己计划要做的事情往后推迟的一种行为。

不仅如此，拖延症还是一种危害极大的心理疾病。倘若有人认为它只会影响工作，那就大错特错了，因为它不仅会让我们工作效率低下，还会导致自责、内疚、自卑等心理。总之，拖延症会在一定程度上危害我们的身心健康。

对此，我们最需要做的就是，尽快让自己从拖延的深渊里脱身，否则我们在接下来的生活中会心力交瘁，疲于奔命，因为拖延消耗的不仅仅是我们的精力，而是生命！

拖延的类型

生活中，虽然大多数人都会有拖延行为，但每个人的"症状"并不相同。例如，有的人只在面对工作时，才会出现反复拖延的症状；有的人一接触到学习上的事情，便会一而再、再而三地选择推迟；有的人总抱有侥幸心理，觉得将事情拖一拖也没关系……可见，拖延在每个人身上的具体表现各有不同。

这是为什么呢？答案其实很简单，因为**每个人所处的环境和遭遇的经历等都不一样**，所以他们在**心理上也会有差异**，正是这些差异使得他们出现了不同的拖延症状。对此，我们唯有先了解拖延的类型，才能做到对症下药，否则非但无法治愈拖延，还会适得其反。

具体而言，拖延症可以划分为以下几种类型。

1.学习型

顾名思义，就是对待学业上的事总是一拖再拖，面对众多学习任务，既没有紧迫感，也不急于着手去处理。在他们看来，自己还很年轻，有大把的时间可以用来学习，但目前最重要的不是学习。这类人常会把其他事物看得比学习重要，他们虽然不否认学习的重要性，但也不认为学习这件事有多紧迫。

2.工作型

这是一种较为普遍的拖延类型，这类人常常会以消极的心态去面对工作，有时工作做到一半，便因不想做而草草收场。他们在工作时，内心总感觉很压抑，以致对于那些太耗费时间和精力的工作，往往会本能地选择躲闪或逃避，要么从一开始就不去触碰，要么一遇到阻碍便选择放弃。

3.苛刻型

这类人做任何事都想达到最理想的状态，哪怕一点点的瑕疵都无法忍受。在生活中，他们往往喜欢追求极致的完美，只要事情有一丝的缺点或瑕疵，他们便会全盘否定，重新开始。不仅如此，他们还非常在意别人的看法，以致在做每一件事之前，都要先确保结果完美才会开始行动。

4.侥幸型

这类人在做事情时，总喜欢抱有一种侥幸的心理，心里明明知道拖延会导致不好的结果，却始终心存侥幸，认为倒霉的事不会碰巧发生在自己的身上。在他们看来，事情做与不做的结果是一个概率问题。由于惰性心理的影响，他们会将不好的结果自动隐蔽，从而选择不去行动，而当不好的结果发生时，他们又会选择逃避。

5.铤而走险型

这类人通常喜欢生活在危险中，他们十分享受危险逼近时那种肾上腺素飙升的感觉。所以，他们在做事情时，往往只在快到最后期限了才开始行动。他们认为，唯有在巨大的压力下，自己才能表现得非常好。但实际情况则是由于临时抱佛脚，以致很多事情都没有做好充分的准备，从而出现了不必要的错误。

6.自毁型

这类人在做事时总喜欢给自己找借口，如准备得还不够充分，身体太过疲惫等，从而为自己的行动设置一道障碍，当面对拖延的严重后果时，他们便有足够的理由推卸掉自己的责任。对他们来说，最大的敌人不是外因，而是自己。因为每次都是他们自己一拖再拖，也是他们一次又一次地说服了自己。

7.自欺型

这类人往往喜欢忽视任务，避免自己做出任何决定。在他们看来，只要自己不做决定，就不用承担任何风险，因为没有开始就不会有失败。这类人惯用的伎俩，便是像鸵鸟那样将头埋进沙子里，对外面的事充耳不闻、置之不理，这样虽然会错过一些机遇，但也能在失败时，骗自己说不是自己的错。

8.怯懦型

这类人常常胆小怕事，在需要做出选择时，他们往往会犹豫不决，不知道该怎么办才好，以致将事情一拖再拖。在他们看来，选择是一件十分痛苦的事情，因为无论自己如何选择，都要承担相应的后果。所以，在面对选择时，他们会表现得非常矛盾。他们认为，拖延到别人先行动，也许是最好的选择。

其实，许多人的拖延症并非是单一的某种类型，很多时候是两种或两种以上的混合类型。然而，无论我们的拖延症属于哪一种类型，也不管其混合了多少种症状，我们都必须尽快地采取行动，做出改变，早日摆脱拖延症造成的不良影响。

最值得关注的"拖延症候群"信号

与其等到拖延症加重时再去治疗，我们不妨在拖延症候群出现之前便开始警惕。为此，我们要学会捕捉与之相关的信号，从而做到防患于未然。那么接下来，咱们就细数一下那些最值得关注的"拖延症候群"信号吧！

1.缺少明确的目标

其实，很多拖延症患者并不是故意要拖延，而是因为找不到

努力的方向，太过迷茫，以致在面对事情时踌躇不前，不知道自己到底该不该去做或者该如何去做。试想，当一个人看不到自己的未来时，又怎么可能会全身心地投入呢？

对此，我们应当为自己树立一个明确的目标，从而让自己清楚地知道：什么事该做，什么事不该做；什么事必须现在做，什么事可以将来再做……当我们明白了这些后，便不会再因犹豫不决而拖延，更不会茫然地不知该如何抉择了。

2.计划不足

当我们计划不足时，也会使拖延的情况加重，这种情况常见于正在做某件事的过程中。由于前期没有做好充分的准备，当出现突发状况或遇到阻碍时，我们就会产生巨大的心理压力，这种压力会使我们不自觉地选择逃避，于是我们将这件事一拖再拖，直到失去了完成它的意义。这便是我们常说的半途而废。

通常，要想顺利地完成某项任务，就必须在行动之前，制订一套相对完善的执行计划。对此，我们可以进行周密的调查论证，或广泛地征求意见等，尽可能地把所有情况都考虑进去。唯有如此，我们才能不惧怕任何困难和阻碍，一鼓作气地去完成这项任务。

3.缺乏时间

有些时候，我们的拖延仅仅是因为时间不足，以致在面对要做的事情时，会下意识地认定失败的结局，从而产生一种畏惧心理，结果一拖再拖。所以，我们还应该警惕自己对时间的浪费，切不可让宝贵的时间白白流失。

对此，我们要学会利用时间，从而提升自己做事的效率。例如，我们可以针对每天不同时间段的特点，来合理安排自己的工作。通常，人在上午时头脑会十分清醒，所以不妨将一些难度大且重要的工作放在此时进行；下午人的头脑一般会相对迟钝，此时，我们可以做一些活动量虽大，但不太费脑力的工作。

4.疲劳感

不少人都喜欢以疲劳为借口，放任自己的拖延行为，但实际上，真正令我们疲劳的正是无休止地拖延某件事的行为。可见，虚假的疲劳感也是我们应该警惕的对象之一。从科学的角度来讲，身体上的疲劳是可以控制的。如果我们能养成良好的作息习惯，按部就班地去完成每项任务，便能有效地减少疲劳，同时还能增强自信心。当疲劳感消失后，拖延自然也能有所缓解。

5.对结果的恐惧

对事情的结果感到害怕，是导致拖延症加重的另一个原因。有些人因自身的能力不足，在面对任务时常常会产生恐惧心理，这种心理来源于害怕完不成任务引发的后果，这个后果威胁着他们一再推迟自己的行动。要战胜这种恐惧，最有效的方法就是不断提高自身的能力。

6.惰性

对于拖延症而言，惰性就像是助燃剂，只要有它的存在，拖延症就会越来越严重。细心的人都不难发现，那些自己一再拖延的工作，往往不是自己不喜欢做的事情，就是自己难以完成的事，因此许多人都懒得费心思去完成。

俗语有云：万事开头难。若想克服自己的惰性，我们首先要做的就是敢于行动，然后再在行动中进行合理的安排。例如，对于那些必须要做的难事，我们可以试着先把困难分解，再逐个击破。这样，难事便不再困难了。

虽然拖延的"症候群"不胜繁多，但只要我们能捕捉到相关的信号，并提前将其扼杀在摇篮之中，那么，我们便离治愈拖延症又近了一步。

拖延会因为环境因素变得更加严重吗

生活中，我们常常能听到这样的拖延借口：都怪今天下大雨，害得我又迟到了；我不是不想按时完成任务，而是身体不舒服给耽误了；既然大家都去聚餐，那我也晚点再干活吧……从中我们不难看出，**拖延症与一个人所处的外在环境息息相关，因为人的行为很容易受到周围环境变化的影响。**可当环境因素变得有利于拖延时，就会使拖延症加重。

初入职场的王俊就是在环境因素的影响下，拖延症加重的。

　　大学毕业后，王俊留在了自己就读的这座城市。刚步入职场的他，原本想克服自己的拖延症，努力地工作，保质保量地完成好各项任务。谁曾想，在其他同事的影响之下，他拖延的恶习非但没有得到改善，还变得越来越严重。

　　由于是刚入职场的新人，为了节约开支，王俊选择了入住公司提供的员工宿舍，里面一共住了4个人。他们既是同事，又是室友，每天形影不离，时间久了，便成了铁哥们儿，经常一起去上班。这天，王俊像往常一样，8点钟左右就醒了，他洗漱完便出去买早餐了。

　　当王俊买完早餐回来后，却发现其他的几个同事竟然还没起床。他一个一个地去叫醒他们。同事们醒来后，都不慌不忙地排队洗漱，一个同事一边等一边坐在沙发上玩手机，另一个同事甚至又回到了自己的床上。看着他们慵懒的模样，王俊忍不住说道："你们倒是动作快点啊，都8点多了！"

　　"急什么，不是9点上班吗？咱们住得近，8点50分出门都不晚！"

　　"就是！你放心吧，还有半个多小时呢！"

　　"我说你小子放松一点好吗？来，哥哥我给你放一段舒缓的音乐，让你好好地享受这顿美味的早餐！"

"别整那些没用的，明天该你带早餐了哈！王俊，时间确实还早，先坐下来吃早饭吧，吃完我帮你下载一个新游戏，贼好玩！真的，我一点都不骗你！"

……

大家七嘴八舌地说着，一起把王俊按在了饭桌前。王俊看着大家一脸轻松的模样，也觉得自己有点小题大做，于是跟他们一样，放慢了自己的节奏。吃完早饭以后，他一看时间才8点半，离出门还有20分钟，便玩起了手机。

就这样，王俊在室友们的潜移默化中，渐渐又变成了一个懒散的人。由于自己的拖延能获得同事们的认同，他开始变得肆无忌惮，任何事都先拖一拖再做。

从案例中，我们不难发现，导致王俊拖延症加重的一个重要原因是室友的影响。可以预料，长此以往，他的拖延症只会变得越来越严重。相信类似的经历在很多人身上都曾发生过，所谓"近朱者赤，近墨者黑"，说的就是环境对人的影响。一个人能形成良好的习惯还是养成恶习，在一定程度上也是环境作用的结果。

实际上，拖延这种行为习惯并不是与生俱来的，而是后天养成的。当周围的环境发生变化时，人们的行为总会下意识地向大多数人靠拢，以求保持一致，因为这样即便是出了差错，也不用独自去承担后果。在获得了这样的心理安慰后，人的内心便没有了紧迫感，拖延也就变成了一种常态。

那么，究竟哪些环境因素会让我们产生拖延行为，或者让我们的拖延症加重呢？

1.职业环境

要知道，人都有一种从众心理，尤其是在人际关系复杂的职场中，因为谁都不想成为那个不合群的人。当大部分人都选择了某种行为时，我们无论是碍于人情，还是为了达到心理上的平衡，都会改变自己原本的行为模式，渐渐向大多数人靠拢。倘若我们面对的是沉重的工作压力，从众心理往往会被更进一步地激发出来，使得我们在行为上越来越倾向于追随他人，如果其他人都在拖延，我们的拖延症也会变得更严重。

2.生活环境

生活中，人与人之间常常会进行比较，甚至是相互攀比。有些人会攀比某些外在的事物，如金钱、地位、名誉等；有些人则会在行为上进行攀比，如同样一件事情，别人有没有做等。他们之所以这样做，是想借此获得某种心理上的平衡，或者以此来证明自己的价值等。

正是由于这种比较或攀比，使得我们的行为发生了改变。比如，我们原本对某件事非常积极，却因他人的消极懈怠而延缓了行动。此时，我们会心安理得地告诉自己：他都还没开始呢，我又何必如此着急？在这种攀比心理的影响下，我们的行为也会开始消极起来，这显然会让我们的拖延症变得更加严重。

3.社会环境

在社会这个大集体中，人与人之间的行为都是相互影响的，其中重要的一种方式便是模仿。模仿是人与生俱来的一种习性，虽然它有积极的一面，但也有消极的一面，会让我们变得消极懈怠。比如，原本我们每天都会清扫楼道里的公共区域，但当我们发现只有自己在做这件事时，便会慢慢地像他人一样袖手旁观。显然，这种模仿行为是出于内心的不平衡，由此引发了消极情绪。

其实，无论是哪一种环境因素，对我们而言都是有利也有弊的，只要我们保持警惕，及时察觉，便能及早消除环境中的不利影响，甚至还能有助于我们治愈拖延症。

缺乏专注力是如何影响成年人的

据研究表明，越来越多的人由于缺乏专注力，做事时注意力不断被其他事物所分散，无法集中精力完成手头的事项，长此以往，最终养成了拖延的习惯。

在即将离开校园的最后阶段，王娜找到了一份专业对口的会计工作，开始了实习的生活。由于她是个职场新手，所以上司并没有给她安排过多的工作，而是给她分配了一些简单的活。刚刚步入职场的王娜对什么都感到新鲜，以致工作时常常无法集中自己的注意力。

这天，负责每月核算员工工资的一名会计因家中有事请了几天假，可眼看就到了发工资的时间，核算工作必须尽快完成。无奈之下，上司只好让王娜来接手这项任务。接下工作后，王娜异常兴奋，整整一天的时间都在书柜前翻看资料，查找一些与工作无关的信息，如谁的工资最高、谁的工资最低等，就是不干活。

随后的几天里，王娜依然坐不住，但凡办公室里有人聊天，她都会去凑个热闹，探听公司里的各种小道消息。即便没有人闲聊，她也会好奇地四处打听一些"八卦"，如今天谁又被上司骂了、谁有跳槽的打算等。如此拖延了几天的时间后，她猛然发现，自己的工作竟然一点都没做，于是赶紧开始干活。

坐在办公桌前，她本想一鼓作气地完成工作，却还是忍不住四处走动，不是去茶水间，就是去上厕所，压根无法集中自己的注意力，仿佛椅子上有根刺般，只要她一坐下，就扎得浑身难受。就这样，由于缺乏专注力，王娜将上司交代的工作一拖再拖，直到最后也没能完成任务，影响了公司当月工资的按时发放。

作为一名职场新人，难免会对各种事物感到好奇，但王娜过分的好奇心使她无法集中注意力，一而再、再而三地拖延工作，眼睁睁地看着时间白白地流失。王娜的经历是否有点似曾相识？若你身上出现过类似的情况，那你的拖延行为可能也正是因为缺乏专注力而导致的。

事实上，尤其是在学习和工作方面，缺乏专注力会大大降低成年人的做事效率。例如，在工作时，我们会无法集中自己的注意力，从而表现得三心二意、坐立不安，一再推迟任务的完成时间等。

具体而言，缺乏专注力会对成年人造成以下几个方面的影响。

1.工作能力不佳

面对工作时，缺乏专注力的人常常无法全身心投入，尤其是对自己不感兴趣的任务，往往很难长时间地保持注意力集中的状态。每当此时，他们的注意力都会高度分散，内心则会不由自主地感到烦躁不安，总想从这个局限的空间里逃离出去。只要外界有一丁点的风吹草动，他们便会以此为借口来逃避工作。

2.学习效率低下

缺乏专注力的人往往学习效率低下，因为在阅读、写作等学习的过程中，他们会在维持长久的注意力方面遇到困难，从而导致无法真正理解学习的内容。尤其是在面对枯燥乏味的学习材料时，往往会表现得更为明显，经常会感觉到无趣、郁闷，甚至是厌烦。在这些负面情绪的驱使下，他们会对学习产生一种抵抗心理，从而大大降低了自身的学习效率。

3.做事容易冲动

不少缺乏专注力的人内心都充满了焦虑，因为他们一方面想完成任务，另一方面又想逃离，这种矛盾的心理使他们变得狂躁不安。有时，他们为了得到解脱，往往无法清晰地思考问题和理智地做出判断，尤其是在某些紧急情况下，他们会将后果抛诸脑后，做出一些冲动的行为，如将拖延变为放弃等。

总之，缺乏专注力的危害不可小觑，它会严重破坏我们的自律，悄悄偷走我们最宝贵的时间，使我们陷入拖延的深渊无法自拔。

关注"拖延者优势"，拖延有时也会有积极的一面

很多人都认为，拖延只会给我们带来消极的影响，殊不知，拖延有时也会有积极的一面。据心理学家分析，拖延通常可以分为两种：**消极拖延和积极拖延**。积极拖延是指**给自己一定的压力，以使自己做出深思熟虑的决定，并及时地实行**。而消极拖延者只是为了逃避工作，因为他们不敢正视自己的能力不足。

很多成功者都患有这种积极拖延症，他们往往更喜欢在压力下工作，以激发出自己的潜能。文艺复兴时期的天才达·芬奇便是一个典型的积极拖延者。

提及达·芬奇，很多人都知道他是一位艺术家、科学家、建筑师、发明家。殊不知，他还是一个严重的拖延症患者。令人意想不到的是，虽然他有很多事情都因拖延而未完成，但也有不少传世之作在他的拖延中横空出世。

早年间，达·芬奇主要服务于米兰公爵卢多维科·伊尔·莫罗。公爵为了纪念自己已经离世的父亲，便委托达·芬奇帮忙雕刻一尊父亲的巨型塑像，这尊雕像的造型是公爵的父亲骑着一匹高大的战马。此时，达·芬奇已经进行过多次人体解剖，知道人脸上那些丰富的表情都是由每一处的肌肉、神经牵动所造成的。他想：若马也是如此，不就能更生动地刻画出那匹战马吗？

为了证实自己的想法，达·芬奇将公爵委托的事情放在了一边，开始全身心地研究起马来。为此，他亲手解剖了一匹马，并仔细观察了肌肉发达的马是如何抬高自己的鼻孔，以及抬高鼻孔时运用的肌肉是否跟人类一致……就这样，他认真研究了马全身的肌肉、骨骼等，仅仅在一幅马前腿的细节图上，从马蹄到马腿之间不同部位的宽度，他就标注了29处测量结果。

由于达·芬奇将时间都用在了对马的研究上，因此，他只好一再拖延公爵的委托，直到最后也没能完成那尊雕塑。然而，在研究马的过程中，达·芬奇却写了一本关于马的解剖著作，同时发明了一种让马厩变得更洁净的方法，那便是利用水阀的冲击力和倾斜的地面装置来清理马粪，他还为马厩设计了从顶棚管道向食槽里自动填充材料的机械系统。

很显然，达·芬奇虽然拖延了雕塑的制作，但发明了两个伟大的马厩机械装置，而马厩机械装置的作用明显大大超过那尊雕塑。

一般情况下，拖延症患者常常会出现以下两种不同的情况。

第一种是做任何事情都慢吞吞的。这类人凡事都喜欢拖一拖，无论是在工作上，还是在现实生活中，他们总会找各种借口来拖延，直到拖到快要火烧眉毛了，他们才会赶紧行动起来。对他们而言，事情既没有大小之分，也没有重要或不重要的区别，因为拖延已经成了一种习惯，并且根深蒂固。

第二种是遇事不慌不忙，先提前做好准备再行动。当面对某件事情时，这类人并不会选择在第一时间采取行动，而是将其放在一旁，去做一些其他的事情。从表面上看，他们是在拖延，实际上他们是在给自己一个缓冲期，让自己能更深入地研究完成这项工作的最佳方式，以避免盲目地展开行动。

没错，第一种是消极拖延，第二种是积极拖延。两者虽然同样都是拖延，但带来的结果却相差甚远，前者会让我们应付了事，后者却能让我们做得更好。那么，积极拖延究竟能给我们带来什么呢？

1.有助于提高工作效率

在做事情时，相比于风风火火地展开行动，先将事情放一段时间后再说，往往更利于我们提高效率，因为立刻行动常常是盲目

的、欠缺考虑的。从表面上来看，这可能会浪费一些时间，可实际上，我们通过一段时间的沉淀，在行动时考虑得更全面，从而有效地避免了很多不必要的麻烦，大大提高了工作效率。

2.能避免做出错误的决策

有些人在做决策时常常会因自负而做出错误的判断，尤其是在自己熟悉的领域，过度的自信心极易引发错误的冲动行为。对于这些人来说，适当地将事情拖一拖，反而能起到一种缓冲的作用，让他们可以冷静地分析清楚其中的利与弊，以避免自己做出错误的决策。

3.有利于培养发散性思维

众所周知，每一件事都可以有几种不同的完成方法，倘若我们选择了第一时间展开行动，虽然也能够顺利地完成任务，却白白失去了训练自己大脑的机会。反之，如果先将事情放一放，便有时间好好地思考一下完成任务的最佳方案。这样一来，我们不但能高效地完成任务，还可以培养自己的发散性思维。

需要注意的是，积极拖延虽然对我们有益，但也不能持续地使用，否则我们会渐渐对压力产生依赖，一旦它超出了我们所能承受的极限，积极很可能就会变成消极。

? 小测试：你的拖延发展到了什么程度

据调查显示，大约有75%的人认为自己有拖延症状，有50%的人认为自己患有重度拖延症。看到这里，你是否也想知道自己的拖延已经发展到了哪种程度呢？下面这个趣味小测试或许会对你有所帮助。但是，测试的结果仅供参考，不具有诊断作用。

请根据自己在日常生活中的习惯性做法，选出其中最适合的那个答案。

1.每天早晨，闹钟需要响几次才能彻底叫醒你？

A.1次　　　　　　　　　　　　B.2次

C.3次　　　　　　　　　　　　D.3次以上

2.每天晚上，你的实际入睡时间和计划入睡时间相隔多久？

A.30分钟以内（含）　　　　　B.1小时以内（含）

C.2小时以内（含）　　　　　D.2小时以上

3.在炎热的夏天，你大概多长时间会清洗一次衣物？

A.1天　　　　　　　　　　　　B.2天

C.3天　　　　　　　　　　　　D.3天以上

4.通常，从你坐下准备工作，到真正开始工作，需要经过多久？

A.5分钟以内　　　　　　　　B.15分钟以内

C.30分钟以内　　　　　　　D.30分钟以上

5.当与他人约好了见面时，你通常会？

A.提前或准时到达　　　　　　　B.迟到10分钟以内

C.迟到30分钟以内　　　　　　　D.迟到30分钟以上

6.你通常什么时候回复他人的邮件、微信、钉钉、电话等？

A.完成手头工作后马上回复

B.放下手头工作第一时间回复

C.等有空时统一回复

D.常常会忘记回复

7.假设你需要出门超过3天以上，你会什么时候准备行李？

A.5天以前　　　　　　　　　　B.2—4天前

C.出发前一天　　　　　　　　　D.临出门前

8.面对亲人的生日、纪念日、情人节等，你通常会怎么做？

A.提前好几天就开始准备礼物

B.当天或提前一两天准备礼物

C.当天急急忙忙去准备礼物

D.若来不及准备便放弃，或之后再补送一份礼物

9.对于上司布置的工作任务，你会如何处理？

A.第一时间完成，预留充裕的时间优化修改

B.分解工作的内容，每天完成一部分

C.先放几天再开始行动，以免任务有变动

D.临近截止期时再做，逼自己效率最大化

10.当你同时需要完成几件事情时，你会怎么做？

A.按紧急程度和重要性排序，先完成最重要、最紧急的事

B.先完成比较困难的事情

C.先完成比较轻松省力的事情

D.先营造一个比较好的氛围再开始工作

以上答案，A得1分，B得2分，C得3分，D得4分。请算好自己的分数，参照下面给出的解释，看看你的拖延究竟发展到了什么程度。

10—12分：恭喜你，你并没有受到拖延的困扰。

你是一个自控力很强的人，在你的字典里就没有拖延二字。虽然你在做事情时偶尔也会出现拖延的现象，但那都是为了能更合理地安排事务。

13—21分：你的拖延程度较轻。

你已经感受到了拖延带来的"劣质快乐"，虽然你会将自己不想做的事稍稍延后，但还是会在规定的时间内去完成它。注意，拖延症已经盯上了你，倘若你继续放任自己一再地拖延下去，那么轻度很快就会变成重度。

22—31分：虽然你有重度拖延倾向，但还可以挽救。

在你的眼中，事情可以分为两种，一种是可以拖一拖的，另一种则是可以一直拖下去的。值得庆幸的是，你还没有完全被拖延症控制，虽然你会对有些事一拖到底，但总算还是有所克制的，同时也会高效地完成那些自己重视或感兴趣的事情。

32—40分：你的拖延情况非常严重，必须立刻做出改变。

对于你来说，只要拖着不做，就永远没有活。你总喜欢将事情

拖到最后期限才开始行动，至于最后能不能顺利地完成，那就只能听天由命了。不仅如此，在你看来，管它是虎头蛇尾地草草结束，还是过后会漏洞百出，只要能完成便好。

第二章

认清危害，别让病态拖延一点点毁了你

拖延式自责：陷入"无能为力"的怪圈

相信很多拖延症患者都有过这样的经历：每次拖延过后都会忍不住自责，一边自责，一边提醒自己下次一定要早点行动，可下次却又陷入了拖延的深渊。这是为什么呢？因为**拖延会给人带来压力**，进而在心里**产生自责和愧疚感**，同时还会**衍生出一种焦虑**，当我们再次面对类似的情况时，这种焦虑就会下意识地出现，扰乱我们原本的思绪，阻碍我们计划好的行动。

大学生晓雪便因这种拖延式的自责，让自己陷入了"无能为力"的怪圈。

晓雪是一名大三的学生，最近，她在学校报了英语四级的考试，为了能够顺利地通过，她下定决心要好好地学习英语。为了提高成绩，她给自己报了个英语口语培训班，但总共去的次数用十根手指头都能数得过来。她下载了一个学习英语的App，却只用了三天便再也没打开过……总之，她就是经常拖延学习。

这天，晓雪在网上打印了几份英语四级的模拟试题。她本想趁周末回家的时间好好地"刷题"，可现实却是一如既往地拖延，带回家的考题压根就没动过。

星期五下午，晓雪回到家后，父母给她准备了一顿丰富的晚餐。吃完饭后，她陪父母看了一会儿电视便洗澡去了。洗完澡后，她舒服地躺在自己的床上玩平板电脑，只见她一会儿刷刷抖音，一会儿逛逛拼多多，早就把自己原本要做一套试题的打算忘到了九霄云外。就这样，她玩着平板电脑睡着了。

星期六上午，当晓雪看见书桌上的试题时，非常自责，还狠狠地敲了敲自己的脑袋，暗暗发誓今天一定要完成一套试题。她见时间尚早，便先出门去看望与自己一起长大的闺密，随后，两人约了几个好朋友一起逛街、吃饭、唱歌，一直折腾到晚上十点才回家。玩累了的她洗了个澡就睡觉了。

星期天一大早，晓雪从睡梦中惊醒，再次因为自己的拖延而自责，于是决定吃完早饭就开始做试题。可吃完早饭后，她并没有坐在自己的书桌前，而是抱着平板电脑又回到了床上。只见她点开了视频里的电视剧选项，并在"我的"这一栏里点了"继续播放"。这一整天的时间，她都用在了看电视剧上。

当拖延的情况一再发生时，晓雪的心情也渐渐从沮丧变成了绝望，她认为自己这次一定不可能通过英语四级考试了，于是干脆破罐子破摔，放弃了学习。

虽然每次晓雪拖延过后都会自责，但下一次还是会继续拖延，因为她内心的这种自责和内疚感，已经让她陷入了"无能为力"

的怪圈。据研究表明，这种由拖延产生的愧疚和自责，会在一定程度上降低我们的自尊心，让我们觉得自己懒惰、一事无成等，而这种错误的认知很容易导致下次更严重的放纵。

具体而言，当我们的内心产生自责和愧疚感时，往往需要消耗大量的心理资源去消除这种负能量，如此一来，我们便会缺少足够的心理资源来提高自控力。由于自控力的不足，我们无法将自己的行动与思想统一，只能下意识地继续选择逃避，于是便陷入了"放纵—自责—更严重的放纵"的恶性循环。

那么，究竟在什么情况下的拖延会让我们陷入自责呢？答案如下所示。

1.拖延了原本计划好的事情

对于原本已经计划好的事情，哪怕我们只是拖了一个小时或一天，都会打乱后面的节奏。要知道，计划通常都不是独立存在的，很多时候，我们之所以会提前制订出计划，是因为后面还有更多的事情在等着我们。所以，当我们拖延了原本计划好的事情时，内心的焦虑和不安便会促使我们责怪自己。

2.拖延了需要紧急处理的事情

通常，需要紧急处理的事情都有一定的时间限制，一旦我们拖延了这类事，往往不是会减少完成任务可用的时间，就是会超过时限，使我们无法再完成任务。很显然，无论最后是哪一种结果，

都不是我们想要看到的。所以，当我们拖延了这类事情时，才会陷入深深的自责，因为只要错过，便很可能是永远。

3. 拖延了非常重要的事

人在面对重要的事时，往往都会产生一定的压力，这种压力能促使我们积极地去行动。而当我们拖延了以后，自己所承受的压力也会迅速增加。在这种巨大的压迫下，我们会变得紧张、焦虑，内心也会随之产生深深的愧疚感，于是不断地责怪自己为什么不能早点行动。

很多时候，对于那些鸡毛蒜皮的小事，即便我们一拖到底也不会自责，而对于那些重要的事，我们不过是稍稍拖了一下，便会陷入深深的自责中无法自拔。可见，要想避免拖延式的自责，就必须先弄清楚什么事能拖一拖，什么事一刻都拖不得。唯有如此，我们才能从根源上消除隐患，让自己彻底远离"无能为力"的怪圈。

挫败感闭环：自我评价越来越低

在工作中，最常见的拖延现象之一便是**职业倦怠症**，患有这种症状的人常会出现**疲惫、困乏，甚至是厌倦的心理**，对自己的工作一拖再拖。久而久之，他们还会在这种心理的影响下对自我产生怀疑，在内心生出一种挫败感，而**这种挫败感会令他们不断地自**

我否定，由此又会导致内心的挫败感越发的强烈，最终形成一种挫败感闭环。

在职场中奋斗多年的阿哲便因深陷这种**挫败感闭环**而选择了辞职。

这天是阿哲跟客户约定商谈合作的最后期限，他看着酒店书桌上堆积成山的资料，并没有选择继续马不停蹄地工作，而是转身离开了房间，打车去了附近的一间酒吧。原来，他昨天得知曾经与自己关系不错的一位大学同学竟然就在这座陌生的城市里打拼，于是两人约好了时间，准备今天见面好好地叙叙旧。

同学落座后，两人简单地寒暄了一番。当对方得知阿哲已经成为上市公司的销售主管时，说道："哈哈，我当初就觉得你有出息，果然让我给猜中了！"

"唉，有什么出息啊！为了这份破工作，我都快众叛亲离了。"

"老同学，是不是家里出了什么事？不妨说出来，看看我能不能帮忙！"

"没事，你不用担心，就是心里头不痛快，又不知道该怎么办。"

"咱们谁跟谁啊，心里怎么不痛快了？直说！"

"你也知道，干销售这一行的，整天都要往外跑，尤其是到了我这个位置，那更得玩命地出去跑。这几年，我一直在外面忙着工作，不但没有赶上儿子的出生，就连父亲病重住院了，也没有尽到做儿子的一份孝心。刚开始，家里头还能理解我是为了工作，但时间一长，他们虽然嘴上不说，但心里多少还是有点埋怨我的。这两年公司里的竞争也日益激烈，压力倍增，我是真的快吃不消了。"

"老同学，能力越大责任越大嘛，只要熬过了这段时间，一切都会好的！"

"关键是熬不过去了啊！不瞒你说，年前我就有一种挫败感，总在想自己是不是已经老了，不能再这样每天东奔西跑了？或者自己是不是应该量力而行，把位置让给更能干的年轻人？这些问题搞得我身心俱疲，现在这种感觉越来越强烈，以至于我一看见工作就脑袋大，浑身都难受，总想找个借口拖一拖。"阿哲喝了口酒，继续说道，"像今天，我就拿你当借口，让自己出来放松一下。"

"兄弟，今天难得相聚，别想这么多了，咱们痛痛快快地喝一顿！"

……

后来，因为事前准备得不够充分，这次的合作以失败告终，阿哲主动承担了全部责任，并选择了辞职。

其实，阿哲的辞职是一种必然，因为他已陷入挫败感闭环而无法自拔，若他不能重拾自信，即便再去应聘其他的工作，也无法摆脱这种挫败感。对我们而言，无论事情是大还是小，是简单还是困难，一旦我们的内心认定自己无法完成，便会下意识地产生排斥或抗拒的心理，使自己的行动变得迟缓，这便是挫败感带给我们的危害。更重要的是，这种危害会日益加深。

心理学家克里斯蒂娜·马斯勒将职业倦怠症患者称为"企业睡人"，这类人一看见工作就会情绪低落，其最常见的行为便是拖延工作。从心理学角度来讲，职业倦怠的可怕之处不仅仅是让我们产生挫败感，更重要的是会令我们陷入自我否定的恶性循环，从而越来越无力应对工作，使拖延症更加顽固。

显然，没有人希望自己患上这种顽固性的拖延症，更没有人愿意让自己的职业生涯因此而被迫结束。可是现实生活中有许多人深陷其中而不自知。对此，我们不妨来做一个小小的心理测验，看看你是否有自我否定的职业倦怠症倾向。

（1）是否经常因为工作而患得患失，尤其是进行到关键时刻便会停滞，不是犹犹豫豫地停止不前，就是茫然无措地不知该怎么办才好？

（2）是否感觉工作越来越吃力，压力越来越大，而自己的拖延症也变得越发的严重，还常常认为这一切都是因为自己没用所导致的？

（3）是否觉得自己缺乏自信和活力，工作时往往很难集中精神，以致效率越来越低下？

（4）是否工作没有丝毫动力，以致经常需要熬夜加班，睡眠严重不足？

（5）是否每天都硬着头皮去上班，觉得能凑合一天算一天？

（6）是否对自己最近的表现越来越失望，以致内心产生了强烈的负罪感，甚至达到了无法忍受自己的地步？

（7）是否觉得现实中的自己离想象中的自己越来越远，以致对自己产生了强烈的不满，同时经常因为这种不满情绪而陷入焦虑？

（8）是否觉得自己的拖延症一天比一天严重，工作也越来越没有底气？

以上诸条，在"是"或"否"中二选一，选中"是"的次数与自我否定的程度成正比。倘若测验结果显示你已经陷入了挫败感闭环，不必太过着急，只要我们能及时地调整好自己的心态，彻底打败隐藏在内心深处的挫败感，相信用不了多久，便可以治愈拖延症，重新找回那个精力充沛、无比自信的自己。

动力缺乏：无休无止的"明日复明日"

生活中，我们经常会对自己这样说：今天太累了，明天再说吧！于是，便心安理得地将事情推到了明天，明天又将事情推到了后天、大后天……实际上，我们并不是真的感觉到疲惫，而是缺乏今天就做这件事的动力。**由于没有内在驱动力的支撑，我们懒惰的本性便会暴露无遗**，一再推迟完成任务的时间。

下面这个案例中的琳琳便因内在驱动力不足，一再拖延自己学习英语的计划。

琳琳是一家广告公司的职员，入职四年以来，一直负责广告策划工作。由于学历不高，也没有提出过特别优秀的广告创意，琳琳一直没有得到晋升的机会。

为了能在事业上有所突破，琳琳决定先提升自身的能力。她给自己制订了一个英语学习计划，因为只有学好英语，她才能看懂英文版的专业书籍，才有机会参与公司的国际项目。

计划很美好，但执行起来却并不容易。计划开始的第一天，琳琳早上去上班时，在地铁上背了10个单词，阅读了一篇简短的英语新闻。原计划晚上回家之后，再看两段英语教学视频，背20个单词，但是因为临时加班，回到家已经10点多了，满身疲惫的她倒在床上就睡着了。

计划开始的第二天，琳琳早上起床晚了，简单收拾了一下就飞奔出门，一路上慌慌张张地跟同事沟通工作，根本没时间学英语。晚上下班回家，想起来今天的计划还没执行，赶紧拿出书看了起来。谁知刚看了3个单词，电话铃就响了，她跟朋友聊了40多分钟。挂掉电话，想起近期在追的韩剧今天更新，她顺手打开电脑，看了起来。

计划开始的第三天是周六，琳琳早上睡了个懒觉，中午出门和朋友一起吃饭、逛街，晚上又一起看了电影。到了周日，虽然早上没睡懒觉，但是她早早出门，和朋友一起去爬山了。等她回到家，已经是晚上了，想到明天还要早起上班，便早早上床睡觉。直到周一在上班的路上才想起来，周末根本没有执行英语学习计划。她摇了摇头，掏出手机刷起了微博……

显然，琳琳之所以无法成功地执行自己的英语学习计划，很重要的一个原因是因为她再三地拖延，而导致她做出这种行为的原因，是缺乏足够的内在驱动力，即动力不足。如果上司告诉她，若她不按照计划学习英语，就会被辞退，那么她一定会千方百计地让自己努力学习。当然，这只是一个假设，却也足以让我们明白：缺乏动力会导致无休无止的"明日复明日"。

"内驱力"是促使我们行动的一个重要因素，若没有了它，我们就会变成一台生锈的机器，虽然还能够继续干活，但行动会非常迟钝和缓慢。从心理学的角度来讲，人的内驱力可分为原始性的和继发性的，前者是我们与生俱来的一种天性，如我们会因渴望成功而努力奋斗，可这种内驱力无法长时间保持，唯有继发性内驱力才能长久持续，这就需要我们不断地给自己一些刺激，以进行自我激励。

那么，我们为什么会缺乏动力呢？具体而言，有以下几个方面的原因。

1. 身体上的疲累

对任何人来说，长时间地持续某项工作，身体势必会有些吃不消。当下，社会竞争日益激烈，不少人都在透支自己的身体，当这种透支超出了我们可以承受的范围时，即便我们再怎么想努力奋斗，也会心有余而力不足，因为这时大脑会强行抑制内心动力的产生，好让身体能够得到足够的休息。可见，当身体疲惫时，我们内在的驱动力亦会受到影响，呈现不断减少的趋势。

2. 没有得到理想的回报

很多时候，事情不会尽如人意，当我们的付出没有得到理想的回报时，内心难免会受到些许的打击，在这种负面情绪的影响下，我们会渐渐感觉自己的付出毫无意义，时间一长，内在的驱动力自然会慢慢地减少，甚至还会彻底地失去动力。对很多人而言，也许一次的失败不算什么，但接二连三的失败会消磨人的意志，使我们对自己的信仰产生怀疑，一旦内心动摇，势必就会缺乏动力。

3. 缺少必要的激励

不可否认，无论是身体上的疲劳，还是精神上的打击，都会影响动力的产生。此时，倘若我们能获得一些额外的激励，便可以调动内心的积极情绪，促进动力增长。反之，如果这时我们缺少必要

的激励，内心就会被负面的情绪所填满，非但无法再增加任何新的动力，甚至还有可能使原本的动力减少。

总而言之，缺乏动力的原因并非是单一的。所以，我们若想增加动力，就必须有针对性的对症下药，这样才能让我们摆脱"明日复明日"的恶果。

自我麻痹：妥协只是挥霍时间的借口

虽然都是拖延，但不同人的借口是五花八门的，如天气不好、身体不舒服、条件不成熟、资料还没找全等。在他们看来，**事情有没有完成并不重要，重要的是能不能够说服自己**，只要可以让自己心安理得地拖延下去，他们可以为自己编造千万种借口。殊不知，这种妥协其实是一种**自我麻痹**的行为，虽然它能给予我们的内心一点安慰，却无法改变挥霍了时间的事实。

对此，喜欢找借口的小白深有体会，他就因此错过了上司给予的机遇。

小白是某公司的一名职员，由于他是名校毕业的高才生，所以上司对他颇为器重，经常会给他安排一些重要的工作，可他却没有一次能顺利地完成。虽然上司对此感到非常失望，但还是愿意再给他一次机会，毕竟他的能力并不差。如果这次他还是不能完成任务，那么今后上司便不会再对他委以重任。

这天，上司又交给小白一个重要任务，那就是要在规定的时间内做一份关于新产品的市场调查，并且还要尽可能的面面俱到。在小白接到这项任务时，女朋友恰好过来看他，他告诉自己：女朋友难得来一趟，先好好地陪陪她再说。于是，他每天一大早去公司打完卡后，便转身带着女朋友去逛街、看电影了。

女朋友走后，小白还是没有展开这项工作，而是窝在家里玩了几天的"王者荣耀"，因为他又给自己找了个借口：放松一下，才能更好地投入工作。于是接下来的时间，他经常约游戏里的几个好友一起"开黑"，他们一边玩游戏一边探讨战术，每每都会玩到第二天的清晨。第二天他去公司打了卡后，就蒙头在家睡上一整天，起床后又继续跟好友们"开黑"。时间就在如此往复中渐渐流逝。

就这样，一段时间过去了，但小白的任务却依然没有丝毫进展。也许是时间的流逝让他感觉到了压力，他终于下定决心要开始工作了。可现实的情况是，他还是没有立刻行动起来，而是在到处搜索各种与工作相关的资料，如市场调查的时间、步骤、实施方法，以及一些注意事项等。对此，他又告诉自己：这是工作前的必要准备。待他将资料收集并整理完后，规定的时间已经过去了一大半。

终于，小白开始了真正的市场调查，但剩下的时间却已经不多了。为了能达到上司的要求，他每天都在拼命地跑市场，可最后还是没能顺利地完成任务。

也许，不少人会为小白的遭遇而感到惋惜，其实大可不必如此，因为只要他身上还留有凡事找借口的恶习，便永远无法获得上司的青睐。在面对事情时，一旦我们放松对自己的要求，为自己寻找不做的借口，那么，在松懈的心态影响下，我们就会把不努力当作一件天经地义的事情。接下来的事不难想象，我们必然会做事拖拖拉拉，能不做就不做，直到拖不下去了，才不得不开始工作。

实际上，与其说借口是自我妥协，不如说它是在自我麻痹，好让我们松开脑袋里紧绷的那根弦，可以随心所欲地去挥霍时间。世人皆知时间的宝贵，可天生的惰性却总牵引着我们去消耗它，对此，我们的内心充满了矛盾，为了解决这一难题，我们用借口来说服自己。于是借口让拖延变得顺理成章，而拖延又为借口的诞生创造了条件，一旦陷入这样的恶性循环，就只能在拖延的旋涡里沉没。

然而，借口究竟是为了掩盖什么呢？具体而言，答案有以下几个方面：

1.逃避责任的行为

很多时候，人之所以会寻找借口，往往都是为了逃避自己的责任。要知道，任何一件交到我们手中的事情，我们都有责任和义务去完成，当我们不想负责或无力承担这份责任时，就必须找理由说服自己的内心，让自己认定这样做是正确的，否则大脑无法发出执行的命令。这时，我们已经陷入了一种负面情绪，对周围的人和事都有抵触心理，根本没心思扮演好自己的角色，于是选择了逃避。

2.畏惧失败的自卑

失败对于人的打击不言而喻，对此，自信的人常常能从失败中吸取教训，而自卑的人却会渐渐产生一种畏惧感，并且这种畏惧还会使他们越发的自卑。由于内心的不够自信，他们常常会出现抗拒的心理，为了让这种抗拒变得合情合理，他们开始寻找各种借口来说服自己，让自己相信它跟自卑和害怕失败都无关。

3.内心不够强大

那些习惯找借口的人，往往内心都不够强大，也正因如此，当他们想要逃避现实时，常常需要编织各种借口来安抚自己脆弱的心，以说服自己这么做是对的。对于内心强大的人来说，即便遭受再大的打击，他们都能依靠自己来愈合，可内心脆弱的人则不然，一旦他们的心灵受到了创伤，就会躲在借口的阴影下自我安慰，从而将外界的危险全都屏蔽。显然，这会让他们衍生抗拒心理。

不可否认，借口确实能让我们的心灵得到一丝安慰，不过，这

仅仅是暂时的逃避，丝毫不能给内心带来任何积极的影响。相反，在借口的掩盖之下，我们会更加的放纵自己，使"拖延症"变得越发的严重。所以，我们若不想让自己的时光被无情地耗费掉，就必须戒掉找借口的恶习，认真负责地去做好每一件事。

橡皮人效应：激情不再、得过且过

相对于踌躇满志、热血沸腾的"职场新人"，已经在职场上拼搏多年，自诩懂得其中生存之道的"老人"，往往更容易患上拖延症。他们通常喜欢宣扬明哲保身之法，**对待工作不积极也不主动**，无论是奖励还是批评，都无法打乱他们漫不经心的工作节奏。在他们看来，**自己的"慢"非但不是拖延，而是在有意识地迎合职场规则**，甚至有些人还为此沾沾自喜，成了职场中的"**橡皮人**"。

你若不信，不妨来看看在职场打拼多年的倩倩，是如何变成"橡皮人"的。

大学毕业后，倩倩出于对文字工作者的崇拜之情，选择了自己感兴趣的出版行业。当时的她对未来充满了期待，只要一走进办公室，便像打了鸡血般激情满满，对待工作，她非常的勤奋与刻苦，无论是谁指派给她的任务，即便不吃饭、少睡觉，她都会保质保量的按时完成。即便不是她的工作，她也会主动去做。

然而，数年以后，倩倩却成了单位里的"老油条"，每天得过且过。

现在的倩倩，每天想的不再是如何努力地工作，而是如何不着痕迹的忙里偷闲。对此，她已经练就了不少的心得：上班的第一件事，先将工作所需的物品一一摆放整齐，便能在辛勤工作的掩护下偷偷吃完早餐；工作时，可以借口上厕所或喝咖啡提神，躲在厕所或茶水间里，悄悄用手机浏览新闻或时尚网站等。

原来，当倩倩成为"业内人士"后，便渐渐失去了对出版行业的好奇心，曾经因好奇而衍生的兴趣和喜欢，也演变成了一种对工作的责任，而数年如一日的重复，早已磨灭了她对工作的激情，于是，她变得不再像以前那般勤奋和努力。现在的她，对待工作常常是能拖就拖，不能拖也想办法去拖，但凡在工作中遇到了难题，只要不是上司急需的东西，她便会心安理得地去做自己想做的事情。

目前，倩倩正处于一种尴尬的境地。虽然她已经成了单位"元老级"的人物，却依然还是一名普通的编辑，薪水也只比过了试用期的新人高一点点。

其实，倩倩就是典型的职场"橡皮人"，这类人通常痛感缺失，工作也没有效率，似乎对任何事都没什么反应，整个人好像是橡皮做成的。他们不接受任何新生事物和意见，无论是批评还是表扬都丝毫不在意，既不会因为犯错而产生耻辱感，也不会因为工作出色而产生荣誉感。这些皆是职场"橡皮人"的特质。

据相关数据显示：超过86.7%的白领在同一个工作岗位上工作两至三年后，都会出现不思进取、满足于现状、得过且过的消极状态。现如今，随着工作节奏的加快和生活压力的日益增大，很多人往往不到一年就会出现"橡皮化"。从职场心理学的角度来讲，不思进取、安于现状、工作拖延应付等，都是缺乏工作激情的表现。当激情不在，工作不过是为了混点工资罢了，能混一天便是一天。

那么，究竟是什么令这些"职场人"失去了工作的激情，变成了每天得过且过的"橡皮人"呢？具体而言，可以从以下几个心理方面的改变来找出原因：

1. 当"兴趣"变成了一种责任

俗语有云："兴趣是最好的老师。"很多人在选择职业时，往往都掺杂着兴趣的因素，这是我们保持工作激情的原动力。然而，当我们带着极度的好奇心投入工作中后，却渐渐发现自己的兴趣已经变了"味道"，它无法带领我们达到自己想要的那个高度，成了我们不得不去履行的一种责任。这种转变使得我们内心形成了巨大的心理落差，以致对工作产生了消极心态，没有了激情。

2.看清工作本身的枯燥无味

每个人刚投入工作时都充满了新鲜感，这源于我们内心对未知领域的猎奇心理，在这种心理的作用下，我们对工作充满了激情。然而，当我们探寻后发现，工作不过是每天周而复始的画图、列表格、编辑代码等，内心的新鲜感便会逐渐消失，同时觉得索然无味，甚至还会产生一些抗拒的心理。可见，有些工作激情的缺失，也来源于工作本身的枯燥无味，以致我们无法持久地保持热情。

3.工作压力的日益增加

刚开始工作时，我们接触的往往都是十分简单、易学的事物，因为这时的我们既没有能力，也没有足够的经验。可随着我们不断地学习和进步，我们在提升自身能力的同时，还会去挑战一些高难度的工作，以实现自我的价值。在这一过程中，我们会遇到各种各样的阻力，从而使自己的内心产生越来越大的压力，当这种压力超过我们内心所能承受的极限时，心态势必会崩塌，失去对工作的热情。

其实，无论我们面临的是怎样一种心理变化，只要能够始终保持对工作的热情，便总有一天会遇到改变命运的转机；反之，一旦我们丧失激情，陷入每天得过且过的泥潭，那么拖延就会"见缝插针"地危害我们，最终一点点地毁了自己。所以，我们要从现在开始，找回失去的工作激情，重新燃烧奋斗的热情。

启动困难症：不到最后期限绝不行动

生活中，有些人似乎患上了"启动困难症"，总喜欢将事情拖到最后一刻再行动，殊不知，这其实是一种**缺乏自控力的表现**。通常，这类人做事**很容易受到外界的干扰**，从而导致**出现开小差、注意力不集中等现象**，也正因如此，他们在做事时往往都杂乱无章，没有丝毫的条理性可言，经常是想到什么就做什么。

蓓蓓便是一个典型的"启动困难症"患者，她的人生几乎已经被拖垮了。

大学毕业后，蓓蓓便踏上了艰辛的找工作之路，由于她选择的俄罗斯语言专业比较冷门，所以一直都找不到合适的工作。无奈之下，她报了个当下流行的平面设计课程，整个课程需要大概半年的时间就能完成，可她却只顾着跟朋友们玩乐，将这件事情一拖再拖，一直拖到只剩下最后一个星期的时间，她才去正式听课。

很显然，蓓蓓没有学到一丁点的平面设计知识，自然也不可能找到与之相关的工作。对于她的所作所为，父母虽然生气，却也不得不为她的今后考虑，于是想办法帮她找到了一份设计的工作，让她在工作中学习。但令人意想不到的是，面对上司交给她的第一个任务，她竟然带着去找自己的朋友，消失了整整两个星期。当她再次出现在上司面前时，对方直接让她卷铺盖走人。

紧接着，蓓蓓交了一个男朋友，在男友的帮助下，她又找到了一份悠闲的文职工作，每天朝九晚五的上班。刚开始时，她还能按时完成自己的工作，可时间一长，她拖延的毛病便犯了，公司的上班时间原本是9点，她8点起床后，一直拖到9点才出门，有一次因为堵车，她到了大家吃午饭的时间才来。当她迟到的次数越来越多时，人事部门的主管终于忍不住给了她一封解雇信。

经过一次又一次的惨痛教训后，蓓蓓认为自己压根不适合正常上班，于是找了一份在家做事的工作，那便是为某些公司进行数据监测。谁曾想，在家完成工作的自由，竟然让她的"拖延症"变得越发严重，几乎每次工作她都会拖到最后期限才开始行动。到目前为止，她已经拖欠了几天的数据没有上交了。

也许，你会觉得蓓蓓的经历有些匪夷所思，殊不知，在现实生活中，那些不用为生计而发愁的人，仗着自己有所依靠，甚至做得比她还要夸张。他们从小便过惯了凡事都被安排好的生活，长大后缺乏最基本的自控力，对很多事情都是想到什么就去做什么，压根不知道应该先做什么、后做什么，也不知道什么事重要、什么事不重要。在他们看来，事情没有轻重之分，想怎么拖延都行。

看到这，你或许会问：什么是自控力呢？它其实是指一种自我控制的能力，能让我们对自身的冲动、情感、欲望等都加以控制。缺乏自控力是导致"启动困难症"的主要原因，由于无法控制住自己的言行，人们常常会轻而易举地被外界所吸引，从而分散了自己的注意力，将时间和精力转移到了另一件事物上，以致原本想要完成的事情被晾在一边，直到最后期限的逼近，才不得不展开行动。

当然，除了缺乏自控力之外，以下几个方面也会让我们患上"启动困难症"：

1.缺少正确的时间观念

其实，有些人并非故意要将事情拖到最后，而是他们对时间没有一种具体的概念，以致白白浪费了自己宝贵的时间。对于他们来说，一个星期和一个月都是很长的时间，两者之间压根没有太大的区别，也正因如此，当任务完成的时间从一个星期变成一个月时，他们的内心不会产生丝毫波澜，大脑依然还会固执地认为还有很长的时间，于是他们任性地选择继续拖延，直到最后的期限。

2.对自己的能力盲目自信

人固然要有自信，但一味地盲目自信，不仅会导致失败，有时也会让我们患上"拖延症"。对于太过自信的人而言，任何事情在他们面前都能轻松搞定，因为他们眼中的自己无所不能。于是，仗着这份对自身能力的盲目信任，他们一再推迟自己的行动，一直拖延到最后的期限，他们才发现自己大错而特错。

3.追求高压的工作状态

对于有些人来说，无论是大事还是小事，都不会让他们感到害怕，却始终不肯早早地开始行动，而是非要拖到最后的期限，才一鼓作气地去完成。这是为什么呢？因为他们喜欢追求高压的工作状态，这种高压能给他们带来一种积极的刺激，在这种刺激的作用下，他们会将全身心的资源都聚焦在一个目标上，从而高效地完成任务。正是为了让自己处于高压中，他们才故意拖到最后期限。

实际上，不管是哪一种原因导致了拖延，我们都应当及时地"拨乱反正"，向顽固的"拖延症"挥手告别，立刻行动起来，让自己重新展开积极的生活！

？小测试：你的情况属于"慢性疲劳拖延"吗

慢性疲劳拖延的人通常会拖延到什么程度？答案是会拖到汽车没油了才会去加油，会因迟迟没有买票而错过自己想看的演出，会因为一次又一次的拖延症逾期工作……不仅如此，他们还经常会用身体上的疲惫来做借口，让自己的拖延行为变得理所应当，进而继续拖延。

你是否也是慢性疲劳拖延的人呢？做一做下面的小测试，便能知道答案啦！测试的结果仅供参考，不具有诊断作用。

1.你的疲劳持续时间是否要比一般人长很多？

A.是　　　　　　　　　　B.否

2.在经过一段时间的体力或脑力劳作后，你是否需要很长时间来恢复？

A.是　　　　　　　　　　B.否

3.你是否会在睡眠充足的情况下也感觉到疲惫？

A.是　　　　　　　　　　B.否

4.当你工作时，是否经常会因为疲累而无法集中注意力？

A.是　　　　　　　　　　B.否

5.你在工作的过程中，是否经常会感觉到腰酸背疼？

A.是　　　　　　　　　　B.否

6.在你玩乐时，是否会一想起还没完成的工作就感到头疼？

A.是　　　　　　　　　　B.否

7.你的疲惫感是否几乎都出现在工作之时？

A.是　　　　　　　　　　B.否

若在这7道测试题中，你有4个或4个以上的答案都是肯定的，那么，只能遗憾地通知你：你的情况属于"慢性疲劳拖延"，请尽快寻找应对的方法！

即便你的情况属于"慢性疲劳拖延"，也不必过分担心。下面，我们就一起来看看对付它的妙招。

1.将大事拆分成一件件的小事

通常，相对于毫不起眼的小事，慢性疲劳拖延的人往往会更抵触那些重要的大事，因为完成一件大而宏伟的事情，对他们而言实在是太难了。很多时候，他们往往只看见事件复杂的一面，却忽略了无论多么复杂、重要的大事，其实都是由一件又一件的小事组合成的。所以，只要学会将大事拆分成一件件的小事，然后再逐一地去完成那些小事，便能消除他们内心的抵触情绪，尽快地行动。

2.适当地给予自己一些奖励

若想让自己持续不断地去完成那些小事，那么，我们就必须学会适当地犒劳一下自己，唯有如此，我们才能拥有源源不断的动力。对此，我们可以根据事情的难易程度，来决定应该获得什么样的奖励，如完成了一件比较困难的事情，就奖励自己休息半个小时，若完成了一件非常困难的事情，则奖励自己周末去吃顿大餐等。注意，奖品可以设置得新颖一点，最好能跟自己当下的需求联系起来。

3.公开向他人展示自己的决心

有时，我们也能借助外界的力量，来帮助自己改善慢性疲劳拖延。例如，我们可以公开向他人展示自己的决心，从而让周围的亲友们监督自己戒掉拖延恶习。一旦我们向朋友宣告自己要做某件事，就会觉得他们都在盯着自己，这样，当我们再次犯"拖延症"时，便会产生一定的顾虑。具体而言，我们可以在社交媒体上发布自己的目标，或公开发表日记，每天都记录下自己的心得等。

4.一旦开始就不要轻易停下

有些人并不是一开始就拖延，而是在行动中渐渐出现了懈怠的心理，对此，我们要做的便是别让自己轻易地停下来。很多时候，一旦开始了拖延，便很难抑制它的发展，所以，当我们付诸行动后，就必须千方百计地坚持下去，如可以先去完成那些简单的事情，或清理掉所有阻碍我们继续工作的事物等。

5.让持续行动变成一种习惯

行为只有演变成一种习惯，才能够长久地保持下去，所以，要想彻底地摆脱"慢性疲劳拖延症"，我们就必须将持续行动变成一种习惯。习惯的形成是一个长期的过程，在这个过程中，我们要学会循序渐进的尝试，慢慢去改变自己原有的旧习惯，让大脑一点点的接受新信息，切不可因操之过急而让自己前功尽弃。

众所周知，拖延症并不是什么可怕的疾病，只要我们能拥有足够的决心和毅力，以及科学、合理的治疗方法，相信终有一天可以战胜"慢性疲劳拖延"。

第三章

深度"战拖"，消灭拖延滋生的心理根源

完美主义：过分追求完美，就是拖延的开始

引起拖延的原因很多，但很多人可能没有注意到，追求完美也会引发严重拖延。这种拖延被心理学家称为**"完美主义拖延"**，有这种拖延问题的人，最常说的话是**"要么不做，要做就要做到最好"**。带着这样的心理，他们反而会迟迟不去行动，结果难免会出现反复拖延、效率低下的问题。

在下面这个案例中，一位年轻的白领便陷入了完美主义拖延中，导致自己的工作效率低下。

静珊是一个地地道道的完美主义者，做事的时候总是会不由自主地关注各种细枝末节，想要把每件事情都做到完美无缺，可也因为这样，她逐渐染上了一个不好的习惯——拖延。

有一次，静珊和上司一起去拜访客户，回来的路上，上司嘱咐她抓紧时间把项目报告写出来，争取让客户看到一些实实在在的东西，以提升客户的合作意向。

静珊对这份报告非常重视，她用了两天时间进行构思，还搜集了大量的资料，做好了充分的准备。可她总觉得自己做得还不够，害怕写出来的东西不够完美，没有足够的说服力。于

是，她又去阅读别人撰写的优秀报告，想吸收更多的好点子。可是越读她就越觉得心里不踏实，总感觉自己比别人差得太多，无法写出完美的报告。

上司见静珊迟迟不上交报告，有点着急，亲自来问她进度如何。静珊苦恼地说："我还在做功课，希望能够写出让客户惊艳的报告。"

上司不禁失望地摇头说："静珊，你做再多的努力，如果拿不出结果，一切都等于零。你还是抓紧行动吧，不能再这样拖下去了！"

静珊感受到了上司的不满，她十分懊悔，可看着手头厚厚的资料，她真不知道该如何去完成这项艰巨的任务……

追求完美本没有错，但若是像静珊这样，已经严重超过合理的限度，就会成为阻碍我们前进的动力，更会引发严重的拖延症。美国的两位心理学博士曾经花费大量时间专门研究过完美主义拖延，他们发现在这类拖延者身上存在一套独特的心理预设。

第一，我要做的事情将直接反映我的能力水平，所以我必须做到"尽善尽美"。

第二，我要做的事情能够代表我的个人价值，如果事情没有做到完美，就无法体现出我是一个优秀的人、一个有价值的人。

第三，我要做的事情会决定人们对我的评价，只有将事情做得完美无缺，人们才会欣赏我、称赞我；相反，若有些许瑕疵存在，则会在我的个人评价上留下污点。

在这种心理预设的影响下，完美主义者就会表现得小心翼翼、瞻前顾后，迟迟不敢有所行动，生怕会留下缺憾，造成让他们最为恐惧的不完美。为了保持完美，他们不由自主地陷入了拖延，办事效率越来越低下，可他们还在不停地安慰自己，告诉自己这不是拖延，而是一种"必要的谨慎"。

不难想象，倘若这些完美主义者不及时修正这种错误心理的话，必然会在拖延的泥沼里越陷越深。

那么，完美主义拖延者应当如何自救呢？不妨从以下几个方面开始入手。

1.学会接受事物不完美的一面

世界上本来就不存在绝对的完美，那些表现卓越的成功者也并不总是能够将事情做到完美无缺，但这并不会影响人们对他们的认可。所以，完美主义拖延者要试着调整自己的接受力，不要总是把"不完美"和"失败"画上等号，而应学会接受瑕疵和缺憾的存在，要把这当成人生的常态，这样才更容易进入"开始做事"的状态，而不会总是为了达到完美而犹豫不前、无法启动。

2.无论事情有多么困难，都要埋头去做

心理学博士简·博克曾经讲过一个经典的励志故事，其中有一段引人深思的话，大意是：面对一堵难以逾越的高墙，如果你迟疑

不决，那就先把帽子扔过去，这样你就会想方设法翻到墙那边。

对完美主义拖延者来说，在面对困难的任务时，与其彷徨不安，还不如逼着自己"先把帽子扔过墙去"，即先行动起来、奔跑起来，也许在迈出第一步后，你就会发现一切都不一样了，而接下来的事也会变得更顺畅。

3.时刻牢记完成比完美更重要

对完美主义拖延者来说，"完美"其实并没有一个确切的标准，他们可能会在行动后不久，觉得一切都不够完美，然后便失望地将事情搁置在一旁，或是把一切推翻再重新开始。这些做法同样是拖延，最终也会导致一事无成。因此，完美主义者在开始行动后，还需要经常鼓励自己："我要先追求完成，再考虑完美。"只有这样，才不会让自己陷入"要把所有事情都做到完美"的挣扎之中。

享乐主义：你真的享受拖延带来的劣质快感吗

在拖延症患者中，有一类比较特殊的人群，他们并不觉得拖延对自己有什么危害，反而从这种拖延中找到了"快乐"。殊不知，那并不是真正的快乐，而是**大脑为了逃避痛苦，通过潜意识让我们选择去做一些更简单的事，当我们完成这些事情后，那些成果会令我们误以为这能给自己带来快乐**，于是继续拖延。年轻的小怡便中了这种虚假快乐的毒。

　　小怡是一名大四的学生，毕业在即的她，最近忙得不可开交。她一边要独立完成最后的毕业论文，一边还要四处联系实习单位。无论哪一件事情，都足以令她焦头烂额，可她却又不得不去面对。

　　这一天，小怡像往常一样窝在宿舍里赶论文。她刚理出一点思路来，就被突然响起的手机铃声打断了。她本想直接就挂掉，可一看是前几天刚面试过的实习单位打来的，只好接了起来。原来，对方想让她一会儿再过去一趟，人事部的主管想再对她进行一次面试。于是她收拾了一下，便立刻赶了过去。

　　面试过后，小怡得到的回复还是在家等消息，这让她感到无比沮丧，也没有心情再继续赶论文。为了缓解负面的情绪，她决定放纵一下，便戴上了耳机，点开了电脑上被自己遗忘很久的游戏。就这样，她将这一天接下来的时间全都花在了这款网游上，什么毕业论文、实习单位，统统都被抛到了脑后。

　　第二天，当小怡打开自己的笔记本电脑时，脑海中第一时间出现的并不是毕业论文，而是昨天放纵后久违的快乐感。这种感觉牵引着她打开了游戏界面。她原本只打算玩一局，可那一局的失败让她太不甘心了，于是她又开始了第二局、第三局、第四局……一直玩到了室友喊她吃饭，才依依不舍地跟游戏中的队友们告别。

第三天，小怡打开笔记本电脑后，压根就没想毕业论文和寻找实习单位的事，而是直接打开了游戏界面，熟练地跟网友们开始组队……

然而，随着毕业的日期日益逼近，小怡也渐渐强迫自己回归了现实。面对已经失去的时间，她非常自责，再看看依旧没完成的论文，想想自己依旧没找到实习单位，她一度陷入了焦虑之中，不知道该怎么办才好，整天为自己的前程担忧。

相信不少人都有过跟小怡相似的经历，即经常会在巨大的压力之下，选择先放下自己手中的工作，去做一些其他的事情。当某件事让我们感觉到痛苦时，我们会选择逃避这种痛苦，去做其他能让自己感到快乐的事。就像案例中的小怡，现实让她痛苦，于是她躲进了游戏里。追求快乐是人类的本能，就如同我们会下意识地远离危险一样。

当我们觉得痛苦时，大脑会告诉我们：玩手机、打游戏去吧，这能让你获得快乐。虽然大脑给了我们快乐的承诺，但我们并不一定能感受得到，因为我们在玩手机、打游戏时，内心可能会因拖延而自责，甚至还会产生负罪感，也可能会因为越来越接近最后的期限而感到焦虑、不安、烦躁等。其实，从始至终，我们都没有得到真正的快乐，还白白浪费了自己的时间。

可见，这种劣质快感害人不浅。下面咱们就一起来看看战胜它的方法。

1.分清"假快乐"与"真快乐"

很多时候，我们之所以会掉入追求劣质快感的陷阱，是因为不懂得"假快乐"与"真快乐"之间的差别，才会傻傻地享受拖延带来的"劣质快感"。对此，我们必须清楚地明白一点：假的快乐常常需要我们付出一些代价。例如，我们将时间浪费在游戏上，会让我们无法顺利地毕业。而真正能够给我们带来快乐的，是先完成毕业论文再去放松的选择，以及完成毕业论文后的自豪感和自尊心的满足。

2.想一想完不成任务的后果

分清真假快乐只是我们要做的第一步，接下来，我们还应该想一想完不成任务的后果，这种后果会给我们的内心带来强烈的冲击，有时甚至会是一种压迫感，逼着我们不得不继续去完成自己的任务。

3.养成良好的工作习惯

最后，我们需要做的是让自己养成良好的工作习惯，因为只有这样，我们才能从根本上杜绝追求"劣质快感"的行为。试问，一个做事条理清晰、时间安排合理的人，几乎每件事都能以最快的速度完成，又怎么会贪图那种劣质的快感呢？所以，我们一定要养成好的工作习惯，学会在做每件事之前制订计划，这种计划可以是长期的，如一个月、一个星期；也可以是短期的，如一天、一个上午或一个下午等。

决策恐惧症：犹豫不决会带来压力感升级

人生是一个选择的过程，每个人的选择都不同，于是便有了不同的人生。有些人在面对选择时，常常会犹豫不决、举棋不定，以致事情一拖再拖。殊不知，这是一种**决策恐惧症**，即当**一个人面对选择时，由于内心的不自信或想逃避责任等因素**，致使自己**无法当机立断地做出决策**。很多时候，随着选择的急迫性不断攀升，人内心的压力也会不断升级，而在巨压下，往往更难做出决断。

可是，人生中的每一道选择题都是有时间限制的，唯有在适当的时候果断地做出抉择，才能获得属于自己的机遇。你若不信，不妨来看看蜜蜜的故事。

蜜蜜是个典型的"纠结型"女孩，遇事每每都很难立刻做出决定，无论大事小情，她总会反复思量、再三斟酌，使原本简单的事情变得复杂，最终拖延了时间。

这天，蜜蜜收到了同学聚会的邀请，一想到能看见自己暗恋多年的那个男孩，她的内心就激动不已。可随后，她想到要选择那天要穿的服装，便觉得一个脑袋两个大，因为她犹豫不决的性格已经让她患上了严重的拖延症，尤其是在做决策这方面，她常常会因为拖延时间而耽误正事。

果不其然，到了同学聚会的那天，蜜蜜一大早便起床开始搭配衣服，可她花了整整一个上午的时间，也没有选出能令自己满意的搭配来。对于自己已经搭配好的那几套衣服，她不是觉得颜色不太相衬，就是认为样式不够时尚，还有一些则是没有适合的首饰去配套。

吃过午饭，蜜蜜见时间尚早，便决定去商场买一套新的服饰。然而，到了商场后，她才发现这是一个非常错误的决定，因为那些琳琅满目的服装和饰品，让她看得眼花缭乱，更难以做出选择。正当她在各个专卖店挑选衣服时，这次同学聚会的发起人——曾经的班长，打电话来询问她为什么还没有到场。

这时，蜜蜜才猛然发现早已过了约定的聚会时间，可她还没有决定究竟穿什么去参加呢，这让她的心一下子提到了嗓子眼儿。她一边向班长拖延时间，一边焦急地往家赶。因为现买已经来不及了，她只能回家随便选一套立刻出发，但对她而言，即使是随便选，也不是一件容易的事情，还是耗费了不少的时间。

当蜜蜜终于赶到聚会现场时，同学们都已经吃得差不多，准备散场了。

蜜蜜的经历并不是个例，而是在生活中普遍存在的。很多人都像她一样，患有决策恐惧症，经常在犹豫不决中拖延时间，以致耽误了原本要做的事情。其实，他们之所以会徘徊、犹豫，迟迟不敢做出决断，常常是因为自己的内心不够坚定，这种因缺乏自信而衍生的不确定感，正是导致拖延行为出现的罪魁祸首。

决策恐惧症常会造成不同程度的拖延，而在拖延的过程中，时间的不断流逝逼迫着我们尽快做出决断。此时，强烈的紧迫感会使得我们内心的压力升级，从而衍生出焦虑、不安和惶恐等情绪。在这些负面情绪的影响之下，我们的内心会变得越发不坚定，以致拖延的现象反复出现。

若想避免形成这种拖延的恶性循环，我们不妨借鉴以下这几种选择方法。

1.权衡利弊，当机立断

很多时候，我们之所以会因犹豫而拖延，往往是因为摆在自己面前的选项各有利弊，以致内心无法做出取舍。对此，我们若想不拖延地果断决策，首先要做的便是正确分析当下的各种情况，然后再充分权衡每个选项的利弊，如我们可以比较每个选项失败后将要承担的后果，以及自己完成后能够获得的收益等。我们只需通过对比、筛选与淘汰，从中选出对自己最有利的那个选项即可。

2.深谋远虑，明智取舍

有些人常会在复杂而重大的抉择面前表现得犹豫不决，一再地拖延时间。这时，我们所要考虑的就不仅仅是当前的利弊，还应当以长远的眼光看问题，明智地做出取舍。对此，我们可以从两方面来进行考虑：一是思考选择结果的社会效益，即它是否符合人性、道德等的规范；二是思考选择结果的经济效益，即它能给我们带来什么样的利益。对这两个方面进行综合考量后，我们便能快速选出心中的答案，从而避免拖延。

3.审时度势，量力而择

当然，要想消除因犹豫而形成的"拖延循环"，我们在面对选择时，除了要深入分析每一个选项之外，还应当考虑自身的能力是否能够完成它。对此，我们就要学会审时度势、量力而为了。首先，我们必须清楚地知道自己能够完成哪些选项；其次，再利用前面讲的方法从这些选项中找出最合适的那一个。唯有如此，我们才能做到速战速决，不让拖延有机可乘。

失败恐惧症：经不起一点失败的人往往一事无成

生活中，有些人常常喜欢掩耳盗铃，总认为只要将事情拖着不去做，就能够避免失败带来的打击。的确，**趋利避害是人的一种本能，为了不让自己的身心受到伤害，我们会下意识地将失败归于"危险"这一类，从而让自己的内心对它产生了恐惧感，这种恐惧**

会让我们在不知不觉中选择逃避与后退。但是，我们不能因为害怕失败而拖延，否则便会裹足不前。

在上大学期间，李哲可谓是大家眼中公认的尖子生，他不但学习成绩优异，而且很受同学们的欢迎，因为他没有一点优秀者的高傲，只要是自己能帮得上忙的事情，他从来都不会推辞。然而，踏入职场后，情况却发生了变化。

毕业后，李哲在大家羡慕的目光中进入了一家全国知名的广告设计公司，从此成了一名平面设计师。起初，他豪情万丈地憧憬着自己有一天能成为首席设计师。为此，他每天都勤勤恳恳地工作，按时完成客户的需求，有时甚至不惜通宵达旦。可即便如此，还是无法引起上司的关注，因为公司里人才济济，并且大多都来自知名的艺术院校，这些人有着他无法企及的专业知识和素养。

当李哲认清这一现实后，既沮丧又恐惧，害怕自己无法获得成功。为了能更好地展现自己，他开始变得谨小慎微起来，不敢轻易地去展开行动，以致很多时候，他都不得不在拖延中挣扎。面对他的一再拖延，客户们常常会打电话向他索要设计作品，每每这时，他的恐惧感便会加深，害怕自己达不到对方的要求，而他越是害怕面对客户，便越不敢轻举妄动，于是再次选择了拖延。

就这样，李哲的工作陷入了一种恶性循环。如此往复一段时间后，客户便会不耐烦地要求换人，有些脾气暴躁的客户甚至还会向上司投诉他。上司将这些都看在眼里，终于忍不住向他发出了最后通牒：如果不能做到让客户满意，那就主动选择离开吧！面对上司的警告，他知道自己已毫无前途可言。

你是否会为李哲的遭遇感到惋惜？的确，害怕失败乃是人之常情，可我们不能因恐惧便停滞不前。要知道，因为恐惧失败而导致的拖延，往往会在内心造成更大的恐惧，最后形成一种恶性循环。就像案例中的李哲，其实他与客户之间的来回拉扯，就是在"拖延"与"恐惧"相互作用下的结果。

斯坦福大学心理学家卡罗·德威克曾做过一项关于应如何面对失败的研究，研究结果显示：人们面对失败时主要有两种心态——固定心态与成长心态。抱有固定心态的人通常会固执地认为，智力与才能都是与生俱来、固定不变的，因此他们往往更容易陷入失败恐惧症和拖延的深渊。而抱有成长心态的人却恰恰相反，他们觉得能力是可以提升的，只要自己肯努力，就一定能随着时间的推移变得更聪明、更优秀。

通过这项研究，德威克发现，失败恐惧症只是固定心态的衍生品和一种外在表现。换言之，只要我们能学会用发展的心态来看待问题，就能够克服由失败恐惧症所导致的拖延症。那么，具体应该怎么做呢？

1.不要过于看重结果

很多人之所以会对失败产生恐惧，常常是因为过于看重最后的结果。殊不知，人生本就是一场旅途，目的地固然重要，但更重要的是一路上经过的那些风景。通俗来讲，当我们在做某件事时，不要太执着于自己能不能完成，而应该将重点放在做这件事的过程中，如我们从中学到了什么、提升了哪些方面的能力等，这才是让我们获得成长的东西。

2.相信能力可以通过学习获得提升

现代医学表明：人的性格、能力、脾气等特质，一部分源于先天因素，另一部分则来自后天的学习。虽然我们的先天条件不可能改变，但可以通过后天的努力来改善。事实也证明，能力可以通过不断的学习来提升。例如，我们原本对某个领域一窍不通，但通过长时间的学习与摸索，就有可能变成该领域的佼佼者。只要我们能明白这一点，那么，失败便不会再成为我们行动的阻力，而是一种动力。

3.学会控制情绪

不可否认，恐惧是一种负面的情绪，要想战胜对失败的恐惧，我们就必须先搞定这种负面情绪。比如我们害怕完成某个项目，不妨将"完不成"变成"完成后"，多想一想完成项目后自己能有什么样的收获。这样，便将负面情绪变成了积极的正能量。

未知恐惧：如何摆脱挥之不去的不确定感

对于自己没有把握的事情，人们常常都会选择不去触碰。例如，不知道能不能把一项工作做好，于是我们选择了尽量躲避它；由于害怕自己会犯下错误，于是我们迟迟不敢去尝试某件事情；因为无法预料做某件事的后果，所以我们将它无限期延后处理……其实，这些都是**未知恐惧症**所导致的拖延症状，即由于**我们对未知事物的不确定**，使得我们的**潜意识里产生了恐惧感**，故而**做出了逃避的行为**。

晓明大学毕业后，并没有像其他同学那样去找工作，而是在家人的帮助下，踏上了一条艰难的创业之路。颇有经商头脑的他，只用了短短几年的时间，便从在夜市上摆摊的小贩，变成了拥有一家精品店的老板。能说会道的他，不但定价合理，还会经常送给顾客一些小礼物。久而久之，他的这家小店渐渐被人熟知。有了名气以后，难免就会被有心之人看中，找上门来跟他洽谈合作的事宜。

别人的邀约，晓明还能婉言拒绝，可当看见自己发小儿时，他便不好如此了。

原来，晓明的发小儿想出资将这家店拓展成全国连锁店，而晓明除了每个月能领到一笔固定工资之外，年底还会有丰厚的分红。更重要的是，他依然负责店面的经营和管理。按理说，对方给出的条件已经十分优厚，可晓明却感到了害怕，迟迟不敢迈出这一步。因为未来究竟会变成什么样，谁也不敢打包票，他不敢轻举妄动。

为了促成这次的合作，发小儿屡次上门劝说晓明，可无论对方怎么说，晓明都只回答："让我再考虑考虑。"因为他的内心已经被不确定感包围。首先，他不确定自己的销售策略是否能套用在连锁店的经营上；其次，他不确定自己是否有足够的能力去管理那些连锁店……

就这样，晓明一再地拖延合作，以致连锁精品店的计划毫无进展，发小儿的耐心也渐渐消失殆尽，不再找他商谈合作的事了。即便如此，他也没有想好做还是不做。

很显然，晓明正是由于内心对未知的恐惧而白白错失了发展小店的机遇。人们常常会因为不可预料或无法确定的因素，对未知的事物产生恐惧感，从而影响自身的思维和判断，以致在处理相关的事情上出现拖延。

归根结底，未知恐惧症就是内心的不确定感在作祟，这种对未知的不确定感往往会引发人们无数的遐想，并且以消极和负面的遐想为主，使得人们的内心无所适从，进而导致拖延的行为。我们对未知的恐惧常常会导致诸多不良的后果，如令我们丧失挑战的勇气，消磨我们的进取之心等，这些消极心态极易导致拖延。所以，我们一定要战胜这种恐惧，摆脱内心的不确定感。

那么，如何才能摆脱那挥之不去的不确定感呢？

1.从恐惧的原因入手，反复强化

每个人的恐惧各有不同，但只要我们能够找到恐惧的源头，再具有针对性地对症下药，便能通过反复的强化训练，让自己对恐惧产生免疫力，从而战胜由恐惧引发的拖延。例如，我们害怕在公开场合演讲，就要找到自身缺乏演讲经验这一源头，让自己多经历一些类似的事情，如公开唱歌、公开下达命令、公开阐述自己的观点等。反复的练习后，自然就不会再害怕了。

2.弥补不足，让恐惧无处生根

有时，我们之所以会感到恐惧，往往是因为自身的缺点和不足。具体而言，即当我们在做某件事时，需要使用自身在这方面的储备，可我们却恰好在这方面存在一些短板和不足，于是内心一下子就慌了，恐惧感随之扑面而来，并因此导致了拖延。对此，我们首先要找出自己的不足，再通过不断的学习来弥补。这样一来，我们便能在不断的学习中完善自我，从而让恐惧无法在我们的内心生根。

3. 勇敢尝试，消灭不确定因素

实际上，真正让我们恐惧的，并不是那些心中有数的事情，而是那些捉摸不定的不确定因素，正是在它们的引诱之下，我们才会再三的拖延。对此，我们需要做的便是勇敢去尝试，无论面对什么事情，都不要被其可怕的外表所欺骗，因为很多时候，看似可怕的事其实就是一只"纸老虎"，只要我们迈出一步，它们便会举手投降。

心理舒适区：拖延并不是你的心理庇护所

当外在压力过大或者外部环境过于恶劣时，我们往往会失去焦虑感和绝地反击的欲望，反而陷入一种自我安慰和欺骗的"心理舒适区"。这时，无论有多么重要或多么急迫的工作需要处理，我们的内心都不会产生丝毫的紧迫感，因为我们已经**躲进了自我设定的安全区，选择性地屏蔽了外界的所有信息。**

不妨看看李牧的故事，他会教你如何走出心理舒适区。

几年前，李牧还只是一个木讷的程序员，从大学计算机系毕业后，他便进入了一家小型的科技公司，成了一名普通的程序员。起初，他还激情满满地想要干一番大事业，可随着时间的推移，他发现无论是升职还是加薪，自己都没有丝毫的希望，这个沉重的打击使他开始消沉，整天得过且过地对待工作。

时间一长，李牧渐渐习惯了这种生活，曾经脑海中那些跳槽或转行的想法也随之消失得无影无踪，他只想就这么"舒舒服服"地过日子。

李牧的一位好友在得知他的情况后，向他投来了"橄榄枝"，邀请他跟自己一起去做投资。原本他压根就下不了狠心辞职，但当他看见妻子为了家奔波劳碌时，便一咬牙答应了朋友。于是，他摇身一变，成了金融企业的一名理财经理。经过两个多月的专业培训后，他终于正式上岗了。

面对这个完全陌生的领域，李牧沉寂多年的野心再次被唤醒，他如同换了个人似的卖力工作。为了能尽快获得一些成就，他一面不断地在工作实践中进行学习，一面利用空余时间去钻研相关的知识。皇天不负有心人，他经过多年的努力，终于被另一家金融企业看中，成了专门负责大客户的投资经理。

不可否认，李牧是幸运的，虽然他曾被挫折吓倒，躲进了心理舒适区中避难，却在关键时刻抓住了机遇，成功扭转了自己的人生。其实，从心理学的角度来讲，"舒适区"具体是指活动与行为符合人们的常规模式，能最大限度地减少压力和风险的行为空间。这一区域能让我们处于心理安全的状态，我们可以在这里降低内心的焦虑，释放自己工作上的压力，以及感受到久违的幸福和满足。

只不过，这一切的美好都是假的，是内心营造出来的"庇护所"，让我们用来躲避残酷的现实，而实际上外面还有一大堆的事情在等着我们去处理。没错，这里是拖延症最好的温床，我们会在里面变得不思进取、裹足不前，每天敷衍了事地对待工作。很显然，我们唯有走出心理舒适区，才能远离得过且过、稀里糊涂的生活。具体该怎么做呢？不妨从以下几个方面入手。

1.改变现有的生活环境

很多时候，我们之所以一直停留在"心理舒适区"，往往是因为我们只局限在自己现有的环境里，无法去感受其他领域的精彩，以致每天都坐井观天，自我感觉良好，不肯离开所谓的安全区域。对此，我们要做的就是改变现有的生活环境，如闲暇时可以邀三五好友一起去旅行，或多去参加一些聚会等，通过多接触不同的人和事，打开自己的眼界，从而让自己走出舒适区。

2.不要抗拒别人的劝说

对于他人的劝说，有些人常常会觉得反感，有些人却并不抗拒。对此，我们应当学习后者，别急着去排斥，因为很多时候仅仅靠自己是很难走出舒适区的，唯有借助一些外界的力量，我们才有可能说服自己。只不过，这里提出的不排斥、不抗拒，并不意味着我们就要全盘接收，别人说什么便是什么，而是将别人的劝说当作一种参考，同时保留自己的独立思想和意识。

3.有意识地做点不同的事情

躲避在心理舒适区的人，通常都会有这样一个特点，那便是大脑的思维模式已经固定，以致他们在生活中故步自封、安于现状。所以，我们要想走出心理舒适区，还应当有意识地去做点不一样的事情，从而打破大脑中旧的思维模式。我们可以换一条路线去上班，尝试到那些从未去过的餐馆吃饭，试着学习一项新技能，或者培养一个新爱好等。长此以往，我们的想法势必会发生改变。

⑦小测试：你的拖延属于哪种类型

对于拖延的人来说，无论是轻微的拖延，还是重度拖延，都希望可以早日摆脱它的困扰，让自己的生活和工作重新步入正轨。知己知彼，方能百战不殆。我们唯有了解拖延的类型，才能够更好地去战胜它。那么，你知道自己的拖延属于哪种类型吗？若想知道答案，不妨来做一做下面的趣味小测试。测试的结果仅供参考，不具有诊断作用。

请根据自己在日常生活中的习惯性做法，选择其中最适合的答案。

1.如果你上班时已经泡在了网上，回家后你还会继续上网吗？

A.会，因为要追剧、看小说等

B.不确定，会视具体的情况而定

C.可能不会，因为有更重要的事要做

2.当朋友过生日时，你会送下面哪种礼物给对方？

A.随手在地摊上买的手机吊坠

B.在自家附近的商店里买的小公仔

C.特意去精品店里购买的带包装的钱包

3.假设你明天要出门游玩，今天你会怎么做？

A.该怎么玩就怎么玩，即使晚睡也没关系

B.尽量早睡，以确保明天能准时起床

C.晚上睡觉前准备好明天所需的一切物品

4.当面对考试时，你会采取"临时抱佛脚"的措施吗？

A.会，因为时间都浪费在玩乐上了

B.不确定，会视具体的情况而定

C.应该不会，该学的平时都已经学得差不多了

5.如果你因为贪玩而忘了自己的工作，你的第一反应通常会是什么？

A."算了，反正已经这样了，还想那么多干吗？"

B."万能的菩萨啊！请保佑我能侥幸过关吧！"

C."赶紧看看还能不能补救回来。"

6.生活中，你是否会依赖自己身边的朋友？

A.会，朋友就是用来帮忙的

B.不确定，会视具体的情况而定

C.不会，因为自己的事情要自己做

7.和你接触过的人，是否都觉得你这个人比较贪玩？

A.是的，他们都这么说

B.不确定，因为没有问过他们

C.不是，玩归玩，但不能耽误工作

8.你觉得通过自己的努力，是否能够做到行业里的顶尖？

A.不行，没那么多的时间去努力

B.不确定，因为没有想过这个问题

C.可以，只要肯努力，梦想就能成真

9.对于买自己想买的衣服和做需要完成的工作，你会选择先做哪个？

A.买衣服，工作等买完了再做也不迟

B.不确定，会视具体的情况而定

C.完成工作，因为工作更重要

10.你有没有一直想要养个宠物，却从没有付诸行动？

A.是的，总因为这样或那样的事耽搁了

B.养过一段时间，后来没时间便送给了朋友

C.正在养，从开始一直坚持到现在

以上答案，如果A选项占多数，那你便是"贪图享乐型"；如果B选项占多数，那你就属于"稍有理智型"；如果C选项占多数，那你则在"努力克制型"之列。下面，咱们一起来看看对它们的分析。

贪图享乐型：你需要好好地反省了！

在你眼里，没有什么比享受生活更重要，即便是工作，也只能

排在第二位。在这种心理的驱使下，你做事经常不是半途而废，就是蛇头虎尾，以致很多重要的工作都被你耽搁了。倘若你继续这样下去，势必会落得个一事无成的下场。你需要好好地进行自我反省，想一想究竟什么才是最重要的。

稍有理智型：要事第一，提高效率。

虽然你还稍稍保留着一些理智，能够分清什么事情该做、什么事情不该做，但要想根治拖延症，你还需要学会制订工作计划，合理安排自己的作息时间，以及懂得区分事物的轻重缓急等。唯有如此，你才能提高自己的效率，避免不必要的时间浪费，从此摆脱拖延的纠缠。

努力克制型：恭喜你，坚持就是胜利！

对你而言，重要的事情总是排在第一位，虽然你偶尔也会浪费一些时间，却能努力克制自己想要继续浪费时间的冲动。无论是在生活中，还是在工作上，你都非常克制，尽量不让坏情绪影响到自己的工作，这是你多年养成的良好习惯。

第四章

自我调控，逐步打败爱拖延的自己

调整期望：停止苛刻的自我折磨

生活中，我们常会努力地变成自己期望的模样，比如我们期望自己能升职，就会在工作时卖力地在上司面前表现。其实，这就是心理学上的**"期望效应"，它是指人们之所以能从事某项工作，并愿意高效率地去完成这项工作，是因为这些工作和组织目标能帮助我们达成自己的目标，从而满足自己某方面的需求。**

只不过，有些人设置的期望太高，不但让自己受尽了折磨，还由于始终达不到自己的期望，最后落得个一事无成的结局。案例中的阿华就有过类似的经历。

那一年，阿华拿着父亲四处借来的5万元钱，踏上了自己的创业之路。

由于阿华是木匠出身，所以他将创业目标定在了家具制作上。刚开始时，他一人几乎包揽了所有的活，既是木工师傅，又是销售员、送货员……经过两年的不懈努力，他终于有了属于自己的小店面，还形成了较为成熟稳定的小作坊经营模式。然而，他并不满足于现状，因为他对自己的期望是成为大企业的老板。

于是，阿华更卖力地工作，时常利用自己的闲暇时间去那些知名的家具厂进行考察和学习。每每此时，他的心里都充满了期待，希望有朝一日自己也能拥有这样的家具厂。为了尽快实现这一目标，他开始马不停蹄地扩张，一方面四处招揽手艺好的能工巧匠，另一方面在不断地招聘业务员、送货员、财务人员等。

一年后，阿华的小作坊发展到了20多人的规模。阿华想要进一步扩大销量，为了做到这一点，他一方面不断去挖掘新的订单，另一方面则使劲逼迫员工们提高产量。可实际上，他的小作坊早已跟不上这个时代，无论他如何努力地宣传、降价，能够获得的订单都很少。

不久，阿华便认清了这个现实，因为由于收到的订单有限，员工们加班加点生产出来的家具几乎全都滞留在了仓库里，大量的库存积压导致资金链断裂。他原本想动员员工们跟自己一起渡过难关，可当他们得知下月拿不到工资时，竟像约好了似的，纷纷选择了离开。原来，员工们早就已经受够了加班。

这时，阿华才幡然醒悟，自己的能力压根就不足以达到自己的期望。

很显然，阿华之所以最后会失败，是因为他对自己的期望过高，以致自己和员工都深受其苦。现实生活中，不少人都像案例中的阿华一样，每天不是玩命地努力工作，就是在去往工作的路上，丝毫没有享受到工作的乐趣，长此以往，内心渐渐对工作产生了倦怠感，遇事能推就推，推不过去就想尽办法拖延。

也许有人会问：那该怎么办呢？答案很简单，那就是调整期望，停止苛刻地自我折磨，让这种阻力变成一种动力。著名心理学家罗森塔尔曾做过一个实验，其结果表明，期望具有神奇的暗示作用，合理的期望能给我们以积极的心理暗示。一个对未来充满合理期待的人，内心往往都充满了干劲，不仅能有效地克服拖延等恶习，还能激发出身体的潜能，大大提高人的工作效率。

那么，怎样才能将期望调至合理的水平，帮助我们战胜拖延呢？

1.努力就能够达到

对我们而言，一个合理的期望既不能太低，也不能过高，因为前者轻而易举就可以办到，会使期望失去激励的效果；后者往往又难以实现，会令自己备受折磨。所以，在设置期望时，我们应根据自己的实际情况，遵循"需要努力才能达到"的原则，这样既能为我们预留发挥潜能的空间，又能避免无法完成的风险。

2.循序渐进地增加

要想让"期望效应"一直发挥正能量，我们还应当学会循序渐进地去增加难度。例如，当我们顺利地达成了上一次的期望后，这

一次的期望便可以定得稍微高一点，而到了下一次则可以再上调一点点……如此一点点地提高期望，不仅能让我们时刻保持被激励的状态，更能使我们因此而不断地进步。

3.适当地进行改变

我们对自己的期望并非是固定的，而是在发展中不断变化的，因为当我们自身或外界环境发生改变时，我们也会随之对期望做出相应的调整。例如，我们本身的工作能力变强了，那么，我们的期望值就应适当地提升；或工作的环境发生了改变，使得我们怎么努力也达不到预定的期望，那么，我们就应该适当地降低一下期望等。唯有如此，我们的调整才是有效果、有意义的。

重塑自信：利用"瓦拉赫效应"制造奇迹

人们常会下意识地将自己放在所处的环境中，通过与他人比较来获得对自我的评价，如"这事我比他做得好，我真是太棒了"或"什么东西他都一学就会，我简直太笨了"等。**当我们觉得自己不如他人时，内心的自信便会逐渐减少，取而代之的将是一系列负面情绪**，这些负面情绪会令我们消极地对待生活和工作。我们**若想重塑自信，战胜拖延，就要充分利用"瓦拉赫效应"**。

所谓"瓦拉赫效应"，是指每个人都有自己的优势与劣势，我

们唯有充分发挥自己的长处，才能更好地激发自己的潜能，达到意想不到的效果。我们大可借此找回自己打败拖延的信心。

那一年，璐璐怀着对大学生活的美好向往，踏上了求学之路。可到了大学后，璐璐的兴奋劲儿还没过去，就开始感到有点自卑了。虽然她终于考入了自己梦寐以求的学府，但她过得一点都不快乐，甚至可以说是非常辛苦：听着别人纯正的普通话，说着方言的她只能尽量不开口；许多大家都知道的事她却一无所知，以致有时上课听不懂，但碍于面子又不敢向别人请教……

璐璐感觉自己曾拥有的优等生光环一下子消失了，她已再无优势可言。这彻底打破了她多年的心理平衡，使她陷入了空前的自卑和焦虑中，她甚至还为自己的相貌而感到自卑。随着这种自卑感的日益加深，她也渐渐变得心灰意冷，不再努力地学习，对生活也失去了往日的热情，凡事得过且过，能拖一时是一时。

然而，这一切却从璐璐认识了一个充满自信的女孩开始发生了转变。

也许，是由于都来自小镇的缘故，璐璐和女孩很快就成了朋友，女孩经常对她说："每个人皆有自己的长处，只要找到了它，信心自然就会回来。"在女孩的感染下，璐璐终于也找到了自己擅长的事，那便是舞蹈。璐璐的节奏感很好，肢体也很灵活，学起舞蹈来很快，大家都忍不住向她请教。

璐璐终于找回了自信，简直像换了个人似的，不仅改正了拖延的坏毛病，还和同学们打成了一片，积极参加各种课外活动。

看了璐璐的故事，你是否深有感触呢？其实，只要我们也能找到自己的优势，便能像她一样打败拖延症。实际上，每个人或多或少都会有自卑感，这来源于人的完美情结，是一种正常的心理现象，通常会随着时间的推移逐渐消失。只不过，有些人能够迅速甩掉这个包袱，成为最早成功的那拨人；而有些人却迟迟逃不出自卑的泥沼，以致在痛苦的旋涡中越陷越深。

对拖延症患者来说，自卑只会加重拖延，唯有自信才能给予我们动力，帮助我们打败拖延的恶习。自信是个人对自己的感性评估，它就像一种能力催化剂，可以调动我们身体里的一切潜能，将各部分的功能都推动到最佳状态。所以，我们一定要重塑自己的信心，战胜拖延。

那么，我们应该怎么做呢？不妨充分利用"瓦拉赫效应"，从以下几点入手。

1.学会客观地评价自己

很多时候，我们之所以会失去信心，产生拖延的行为，往往是因为受到外界环境的影响，对自我的评价越来越低，以致无法客观地认识自己。对此，我们不妨静下心来，好好梳理一下自己的成

败与得失。我们准备一张白纸和一支笔，分别记录自己这些年都遭遇过哪些失败，以及获得过哪些成就等，从这些过往的经历中，我们便不难看出自己的优点与缺点，从而给予自己一个较为客观的评价。

2.多做一些自己擅长的事

实际上，当我们感到自卑时，自信并没有消失，只是躲了起来，我们只需要重新把它找回来，就能增加自己战胜拖延的动力。对此，最简单有效的方法便是多做一些自己擅长的事情，因为这些事的成功率往往较高，当我们一次又一次地获得成功后，自信心势必也会随之逐渐提高，从而发自内心地认可自己。

注意，自己擅长的事并不局限于工作，也可以是日常生活中的事情。例如，我们比较擅长烹饪，那不妨在周末举办一次聚会，邀请一些亲友来家里做客，然后好好地展示一下厨艺等。届时，亲友的夸赞便是我们自信心的源泉。

3.用实力去打败内心的挫败感

很显然，遭受打击的挫败感才是导致自我怀疑、自我否定的元凶。所以，要想重塑自信，战胜拖延，我们还必须彻底打败内心的挫败感。对此，我们要做的就是不断地学习，努力让自己拥有更强大的实力。从心理上来说，实力就是我们的底气，它能令我们无所畏惧地面对所有难题，甚至可以消除挫败感。

摆脱焦虑心理，控制好你的情绪

你是否常常没有安全感，担心自己会失败，不能让别人喜欢或者满意？你是否不敢正视他人的目光，非常在意别人对自己的评价，对工作和学习缺乏必要的耐心？若以上这些你全都符合，那么，你的内心可能正处于焦虑状态。这种**焦虑心理**会导致**胆小怕事、自卑多疑、犹豫不决**等，一旦沾染上它，我们便会出现**做事拖延、经常走神、喜欢胡思乱想**等状况。

很显然，焦虑会导致拖延行为。换言之，即只要能摆脱焦虑心理，那么，由它所引发的拖延也会随之消失。

甜甜是位小有名气的歌手，不久后，经纪公司将会为她举办人生中的第一场演唱会。这让她非常开心，可越接近演出的日子，她的内心便越感觉到焦虑，根本没办法静下心来练习。不仅如此，她还将最近的通告全都延期，每天将自己关在房间里不出来。这段时间以来，她几乎什么事都没做，将所有的事情都一拖再拖。

到了演唱会的当天，甜甜已经焦虑得静不下心来，一直在房间里走来走去，还觉得自己的嗓子有问题。于是，她赶紧联系了相熟的医生来家里为她治疗。

"你觉得哪里不舒服呢？"医生问道。

"我的嗓子好像出了问题，可能没法进行今晚的演出了，你帮我向公司证明一下吧。"

"先别着急，我帮你好好看看！"说完，医生便对甜甜的嗓子做了一个全面检查，却发现她的嗓子压根没事。看她一脸焦虑的样子，医生瞬间就明白了，她并不是嗓子有问题，而是想让她的经纪公司延迟举办这次的演唱会。

"我已经检查过了，你的嗓子没什么问题，就是过于焦虑了。我这有种进口的特效药，是专门治疗焦虑症的，吃下去后，一会儿便能见效。要不要试试？"

"真的吗？那赶紧给我一颗吧！"甜甜迫不及待地说。

于是，医生从药箱里拿出了一颗小药片给甜甜。随后，医生还通过调整呼吸等方法帮助她放松。不久之后，甜甜的情绪果然稳定了不少。演出的时间终于到了，情绪稳定的甜甜登上舞台后，顺利地完成了一整场精彩的演出，观众们都忍不住为她喝彩。回家后，她第一时间便打电话感谢医生。

"其实，你不必谢我，"电话那头的医生说道，"你应该感谢自己，因为这都是你通过努力获得的，而不是我的功劳，我给你吃的只是普通的维生素片。"

看到这里，你是否忍不住地会心一笑呢？的确，很多时候，我们都是过不了自己心里那关。当我们有重要的事情要做，但对自己缺乏自信时，不少人都会像案例中的甜甜那般焦虑，不知道该如何面对现实，内心只想着逃避，对要做的事情不闻不问，能拖一时是一时。唯有待情绪稳定下来，这种焦虑逐渐消失后，我们才能停止自己拖延的行为。

换言之，要想摆脱因焦虑造成的拖延，我们就必须先学会控制情绪。

在心理学上，我们内心所产生的焦虑、紧张、愤怒、悲伤等能对我们产生消极影响的情绪，都被称为负面情绪。通常，它们会给我们带来诸多的消极影响，引发我们身体上和心理上的不适感，甚至还会严重影响到生活和工作。

要想摆脱焦虑、战胜拖延，我们不妨尝试一下下面这些控制情绪的方法。

1.释放内心的压力

很多时候，我们内心的紧张、焦虑等情绪，常常都是因为压力过大造成的。对此，我们要做的就是学会释放压力，尽量保持心态平和，避免精神紧张和不良刺激等。例如，平时可以多进行一些放松的娱乐活动，像绘画、书法、种花、养鸟、下棋、听音乐等，以此来调整自己，远离那些负面情绪。当我们不再焦虑，由此导致的拖延行为也会消失。

2.转移不良的情绪

当面对坏情绪时，我们与其费时费力地跟它正面抗争，不如想办法转换一下自己的心情。例如，当我们因某件事而感到焦虑时，不妨暂时先放下这件事，约三五个好友去打场篮球；或看一部非常搞笑的喜剧片；或痛痛快快地玩一次游戏等。总之，就是多做一些能让自己快乐的事，让快乐稀释掉内心的焦虑。

3.降低过高的要求

其实归根结底，焦虑的产生往往是因为我们内心不够强大。既然我们很难改变自己的内心，那就不妨适当降低对自己的要求，防止焦虑的出现，以杜绝因焦虑导致的拖延作为。例如，在公司考核前夕感到焦虑，那是因为我们期望能获得上司的认可，若我们只求顺利地通过考核，势必能大大减轻自己心理上的负担，从而让焦虑的情绪得到缓解。所以，当我们感到焦虑时，不妨适当降低自己过高的要求，让自己始终保持一颗平常心。

消除惰性心理，寻回丢失已久的激情

你是否也有这样的经历：家里每天都乱七八糟的，原本打算放假时收拾，可就是懒得动，有一天客人忽然到访，我们才尴尬地赶紧整理，却早已丢尽了颜面。是的，这就是惰性心理带来的负面影响。所谓"**惰性心理**"，是指人由于主观上的原因，**无法按照既定目标行动的一种心理状态**。它是人类天生的一种劣根性，一旦形成便很难轻易地改变，它也是导致拖延的常见原因之一。

惰性是人类最大的敌人，它会让我们拖延自己的工作，会破坏我们原本美好的生活，会使我们变得令人讨厌。你若不信，不妨一起来看看下面这个案例。

　　大学毕业后，佳佳便进了一家小公司做前台工作，虽然说是只负责前台的接待，可实际上却是一个打杂的，端茶、倒水、复印、接打电话等都要管。

　　刚开始时，佳佳还能认真负责地去做好每件事，可时间一长，琐碎、枯燥的工作内容便消磨了她所有的积极性。只要没事情找她的时候，她就会偷偷地上网聊天、看新闻，当同事找她时，她就会极不情愿地起身，一边干活一边发牢骚道："哎呀，就这么点东西，自己打印出来不就完了吗，还非要拿过来！我拿这点工资容易吗？整天被你们使唤，谁愿意干这伺候人的工作呀！"

　　有时，由于在网上玩得太开心了，佳佳便干脆对来找她的同事置之不理，好几次都影响到了公司的正常工作，拖延了同事们的工作进度，她甚至还因懒惰拖延了老板交代的工作。那天，老板将她叫进办公室询问工作的完成情况。

"佳佳，为什么现在都没有联系上张总？"

"我给他打过电话，他没有接。我又给他发过邮件，他也没有回。"

"他多少天没有回复了？"

"已经半个多月了。"

"这么长的时间，你为什么不告诉我？"

佳佳低着脑袋，支支吾吾地不知道该说些什么。

老板对佳佳说："因为你工作上的失误，公司错失了一个大订单。如果你继续以这种态度工作，恐怕就得另谋高就了。"

有人或许会觉得，佳佳落得这样的下场纯属活该，殊不知，生活中跟她类似的人却并不在少数，只是在懒惰的程度上有所不同而已。现实工作中，存在着一种惰性极强的人，他们常以"与世无争"为理由，既不努力表现自己，也不参与任何竞争，只是一味地消极对待工作。他们一直都这么懒吗？当然不是，他们也曾热爱过工作，可当激情耗尽后，他们便渐渐失去了动力，变得懒散。

虽然惰性是人的一种天性，但它表现在行动上，往往取决于我们的一个念头。只要我们下决心克服惰性，寻回丢失已久的激情，就可以在内心驱动力的帮助下，赶跑自己的惰性心理。那么，我们要如何找回失去的激情，让自己戒掉拖延工作的恶习呢？不妨借鉴美国著名激励大师博西·崔恩的五个建议。

1.改变兴趣决定激情的看法

俗话说，兴趣是最好的老师。很多人在选择职业时，往往都掺杂着兴趣的因素，当这种兴趣转化成了责任、眷恋，或更为深厚的情感时，我们的工作激情也渐渐不复存在了。此时，我们就要在心里改变"兴趣决定激情"的看法，将工作激情与其他事物画上等号，如完成了任务的奖励、获得奖励后的荣誉感等。

2.把工作当作一项事业

有些人工作激情的缺失，是由于工作本身的枯燥无味，以致无法持久地保持热情。这时，我们不妨把工作当作一项事业来看待，将其与自己的职业生涯联系在一起，从而赋予工作新的含义，让工作变得更有价值、更有意义，这能在一定程度上淡化工作本身的枯燥，提高自己对工作的使命感和成就感。

3.树立新的目标

能长期保持工作激情的秘诀之一，就是不断给自己树立新的目标，让自己获得成就感。我们不妨将曾经的梦想捡起来，找机会去实现它，如审视自己的工作，看看哪些事一直拖延着没处理，然后把它做完……在我们解决了一个又一个问题后，自然就会产生小小的成就感，这些成就感足以支撑我们的激情。

4.学会释放压力

任何工作都不可能一帆风顺，当遇到阻力时，我们的内心难免会产生压力。面对压力，无论是一味地忍受，还是肆无忌惮地宣泄，都是不明智的选择，唯有学会科学地释放压力，减轻对工作的恐惧感，心情轻松才更易重燃激情。

5.切勿自满

在工作中，最需要警惕的是自满情绪。如果我们满足于已经取得的成绩，忽略开创未来的重要性，便会觉得目前的工作对自己丧失吸引力，没有了工作的激情。对此，我们应该尝试挑战新的事物，重新点燃激情。

开启专心模式：拒绝三分钟热度

有些人做事常常只有**三分钟热度**，一旦在过程中**遇到了困难或阻碍**，他们就会**变得心猿意马、三心二意**，从而**不断地拖延，甚至破罐子破摔，一拖到底**。要想战胜这类拖延症，最简单有效的方法便是提高自身的**专注力**，因为它**能帮助我们集中注意力，让自己全身心地投入事情之中，从而让拖延无可乘之机**。只可惜，下面这个案例的王浪却不懂这一点。

从小到大，王浪做任何事都是三分钟热度。小时候，他想当一名又帅又酷的运动员，于是参加了学校的篮球队队员选拔，虽然通过了，但因每天必须早半个小时到学校训练而选择了退出。在他看来，能在床上多赖一会儿更实际。

初中时，年轻漂亮的语文实习老师激发了他的学习兴趣，每天积极主动地完成老师布置的作业。然而，随着实习老师的离开，他的学习热情也渐渐消失，对待作业也是能拖就拖，拖不了就慢吞吞地胡乱完成。

到了高中，王浪做事时还是经常半途而废。他几乎将自己感兴趣的美术、音乐、乒乓球、跆拳道等统统都尝试了一遍，却没有一项能坚持下来。例如音乐，他觉得弹吉他很酷，便报了一个吉他培训班，可还不到半个月的时间，就因为练习弹吉他手太疼而选择了放弃。为此，妈妈还训斥了他很久。

考大学时，王浪被一堆科系弄得眼花缭乱，他为了省心、省事，选择了一个最冷门的。可谁曾想，偏偏他们的班主任要求严格，于是，他又转去了金融贸易系。这一次，他每天都要面对那些枯燥、乏味的表格和数据，还有一堆要完成的报告。不出所料，他很快失去了积极性，报告一拖再拖，等到再也拖不下去了，他便再次打起了退堂鼓，只不过这次他干脆直接逃出了学校，去了外面的花花世界闯荡。

步入社会后，王浪依然我行我素，只要在工作上遇到一点困难或阻碍，便会习惯性地拖延，经常完不成上司交代的任务，因此换了一份又一份工作。直到曾经的同学们都已经在各自的领域混得风生水起，他还在为自己的工作而发愁。

现实生活中，虽然有王浪这样经历的人并不多，但他"三分钟热度"的处事风格却屡见不鲜。做事三分钟热度的人常常会因为缺乏专注力，做事情半途而废。所谓"专注力"，是指人的心理活动对外界一定事物的指向和集中。它是观察力、记忆力、想象力、思维能力等发展的必要条件和先导，通常下列因素会对其产生影响。

一是不感兴趣。由于没有兴趣的指引，人的内心就无法产生动力和积极性，这样一来，我们自然很难将注意力集中到某一件事情上。

二是干扰太多。这是指受到外界的干扰，如家里的电视声、隔壁邻居家传来的杂音、窗外汽车的鸣笛声等。这些都会给我们造成影响，继而分散我们的注意力。

三是身体不适。据研究表明，人在身体状况较差的情况下，往往很难集中自己的精力。所以，当我们困了、累了或者生病了的时候，同样无法集中注意力。

那么，怎样才能让我们进入一种专心模式，克服拖延症的困扰呢？

1.灵活运用时间工具

注意力长期不集中的人，往往很难一下子让自己变得专注。对

此，我们千万不能操之过急，而应当逐步延长自己的专注时间，通过量的积累来达到质的转变。生活中有很多记录时间的工具，只要我们能灵活地运用，便可以有效提高自己的专注力。例如，我们可以用闹钟来定时，训练自己在规定的时间保持专注；也可以用手机软件来记录我们保持专注的时间，从而可以看出自己保持注意力时间的增长等。

2.耐心点，别太急于求成

有些人比较贪心，也有点盲目相信自己的能力，当延长专注时间初见成效时，他们便开始加大延长的幅度，结果弄得身体吃不消不说，还打击了原本坚定的自信心。要知道，延长专注时间并非一朝一夕就能成功的，这需要经历一个心理调适的过程，急于求成往往会弄巧成拙，唯有循序渐进地慢慢来，才能达到预期的效果。所以，不妨耐着点性子，不要太过勉强自己，一点点地延长更容易成功。

3.量身定制自己的延长时间

每个人的接受能力都不相同，有的人韧性佳，内心的承受能力也较强，所以即便加大了延长的幅度，他们也可以照单全收，但有的人却会因此而倍感压力。对此，我们一定要根据自身的实际情况来量身定制延长的时间。通常在刚开始时，一般延长5分钟或10分钟较好；待自己进入状态后，便可以每次延长10分钟或20分钟；状态调整好后，就可以试着延长30分钟左右。

? 小测试：你是否陷入了工作焦虑

所谓"工作焦虑"，是指个人因工作而产生的一种焦虑情绪。通常，陷入工作焦虑的人会在工作时呈现出消极的心态，以致无法按时完成自己的任务。显然，这种症状非常不利于工作。由于当今社会人们的工作压力普通较大，不少人都误以为负面情绪只是暂时的，殊不知，一旦今后遇到类似的情况，负面情绪就会立刻死灰复燃。你是否也是他们中的一员呢？不妨来测试一下自己是否陷入了工作焦虑吧！测试的结果仅供参考，不具有诊断作用。

接下来，请根据自己的实际情况，准确地选出最适合自己的那个答案。

1.在工作时，你是否会容易紧张和着急？

A.很少　　　B.偶尔　　　C.经常　　　D.一直

2.面对较难的工作时，你是否会觉得害怕？

A.很少　　　B.偶尔　　　C.经常　　　D.一直

3.上班时，你是否会有心烦意乱或惊慌失措的感觉？

A.很少　　　B.偶尔　　　C.经常　　　D.一直

4.在工作的过程中，你是否有过一些疯狂的念头？

A.很少　　　B.偶尔　　　C.经常　　　D.一直

5.你是否觉得自己很不幸，不会有好运降临到自己的身上？

A.很少　　　B.偶尔　　　C.经常　　　D.一直

6.工作时，你是否会手脚经常发抖或打战？

A.很少　　　B.偶尔　　　C.经常　　　D.一直

7.你是否会在工作时，因为头痛、头颈痛或背痛而苦恼？

A.很少　　　B.偶尔　　　C.经常　　　D.一直

8.在工作的过程中，你是否很容易衰弱和疲乏？

A.很少　　　B.偶尔　　　C.经常　　　D.一直

9.面对工作时，你是否很难保持平心静气或安静地坐着？

A.很少　　　B.偶尔　　　C.经常　　　D.一直

10.在工作时，你是否遭遇过心跳过快的情况？

A.很少　　　B.偶尔　　　C.经常　　　D.一直

11.工作一段时间后，你是否会产生一种莫名的眩晕感？

A.很少　　　B.偶尔　　　C.经常　　　D.一直

12.在工作的过程中，你是否会有晕倒或觉得快要晕倒的现象发生？

A.很少　　　B.偶尔　　　C.经常　　　D.一直

13.工作时，你是否出现过呼吸不顺畅的现象？

A.很少　　　B.偶尔　　　C.经常　　　D.一直

14.面对工作的压力，你是否会感觉到手脚麻木或有刺痛感？

A.很少　　　B.偶尔　　　C.经常　　　D.一直

15.你是否因为工作的缘故，出现过胃痛和消化不良的生理反应？

A.很少　　　B.偶尔　　　C.经常　　　D.一直

16.你是否会因为紧张而想小便?

A.很少　　　B.偶尔　　　C.经常　　　D.一直

17.工作完成后,你是否会出现手、脚经常冰冷的现象?

A.很少　　　B.偶尔　　　C.经常　　　D.一直

18.在工作的过程中,你是否有过脸红发热的状况?

A.很少　　　B.偶尔　　　C.经常　　　D.一直

19.你是否很难入睡,即使入睡也睡得不好?

A.很少　　　B.偶尔　　　C.经常　　　D.一直

20.你是否会做噩梦,并且有时还会半夜被惊醒?

A.很少　　　B.偶尔　　　C.经常　　　D.一直

以上答案,选A选项得1分,选B选项得2分,选C选项得3分,选D选项得4分。根据你所选的答案,算出总分再乘以1.25,才是你最后的分数。请算好自己的分数,参照下面给出的解释,看看你是否陷入了工作焦虑。

50分以下:你没有陷入工作焦虑。

50—59分:别着急,你只有轻度的工作焦虑现象。

你的工作焦虑程度非常轻。虽然面对工作时,你也会表现出一些负面的情绪,但这只是出于自我保护的一种本能,希望你能再接再厉,好好地保持下去。

60—69分:虽然你有中度的焦虑现象,但还可以进行自我疗愈。

很显然,你在工作时偶尔会出现一些消极的情绪,以致影响到了你的正常工作。虽然你的工作焦虑情况并不严重，但若就此放任不管的话，没准会让这种症状恶化。所以，你必须采取适当的措施，如释放工作上的压力，及时转移自己的注意力等。唯有如此，你才能确保自己的身心健康不会受到侵害。

69分以上：小心，你已经陷入了重度工作焦虑。

非常遗憾，你陷入了重度的工作焦虑。对此，首先你需要好好地进行自我反省，找出导致自己如此焦虑的原因。其次你必须立刻开始采取行动，想办法消除自己内心的焦虑情绪。必要时，不妨去看一看心理医生，让自己接受专业的治疗。

第五章

解放心智，树立战胜拖延的积极思维

根治绝对化思维：学会接受一般化状态

悲观的人看到的世界是灰色的，乐观的人看到的世界是彩色的，我们拥有怎样的思维方式，就注定了将来会获得怎样的人生。可见，**思维模式对我们至关重要**。但有些人被自己的**绝对化思维困住无法自拔，固执地认为事情就会这样去发展，以致内心衍生出了懈怠的情绪**，如反正工作已经完不成了，不如干脆放松一下，晚点再做等。殊不知，不同的思维方式带来的结果也会截然不同。

小明和小钱是同一时间进公司的新人，不同的是，小明只干了短短几个月的时间便被经理提拔成了销售主管，而跟他一起进来的小钱，却依然是一个普通的销售员。对此，小钱非常不满，而且百思不得其解，他不明白两人的差别究竟在哪儿。为了弄清其中的缘由，小钱走进了经理的办公室。

"经理，同样是做销售，为什么小明升职那么快，而我却得不到重用？"

经理看着小钱，很明白他心里的想法，于是将小明也叫了过来，说道："我现在交给你们一项任务，那就是在一个月内完成对建材市场的调研报告。"

接到任务后，小钱与小明便按照正常的工作步骤，首先制订了一份详尽的计划，然后再按照计划一步一步地去实施。只不过，在执行的过程中，两人的做法却出现了明显的差异。小明一直严格按照计划行动，即便遇到了挫折和难题，他也丝毫不会退缩，而是想尽办法去解决。就这样，他按部就班地顺利完成了任务。

可是小钱在第一次遇到挫折时，便觉得备受打击，虽然他最后努力克服了阻碍，内心却不免产生了沮丧情绪，忍不住开始想：我或许完不成这项任务。当难题接二连三地出现时，无法完成任务的想法也渐渐变得根深蒂固，演变成了一种绝对化思维，这时他已认定了自己完不成任务。在这种思想的影响下，他不再努力地跑市场、收集资料、开展顾客调查等，而是能拖就拖。

一个月后，当小明将一份完整的调研报告放在了经理的办公桌上时，依然没有完成任务的小钱顿时明白了经理为什么会对他们区别对待。

很显然，小钱并不是败给了小明，而是败在了自己的绝对化思维上。简单地说，这种思维就是在经历了挫折和创伤后，逐渐在脑海中形成了一种坚定的信念，如案例中的小钱便固执地认为自己无法完成任务。每个人都有属于自己的思维方式，我们在工作和生活中的一举一动都会受到这种思维方式的支配，一旦大脑拒绝接受其他的可能性，我们就只能被动地按照它的指示去行动。

所以，唯有根治这种绝对化思维，我们才能拿回自己的主导权。

对于拖延症患者而言，要想战胜自己的绝对化思维，就必须学会接受一般化的状态。换句话说，即凡事不要想得过于绝对，应当试着从不同角度或多个层面去深入思考，努力找出事物积极的一面，从而让自己积极地去行动。那么，如何才能做到这一点呢？我们不妨从以下几个方面开始入手。

1. 凡事别想当然地以为

有些人常常喜欢自以为是，总觉得自己的想法都是对的，不肯接受任何人的反驳。殊不知，一个人的眼界毕竟是有限的，很多时候，我们都无法看清楚事物的全貌，唯有借助他人的力量，才能更快、更好地去解决问题。所以，凡事千万不要想当然地以为，而应该学会在适当的时候稍稍借助一下群体的智慧和集体的力量，将我们原本单一的思维模式，变成多维度的立体模式。

2. 停止那些无谓的臆想

在做事情的过程中，我们常常会臆想某些可能发生的结果，以致内心产生了焦虑的情绪，从而引发了行为上的拖延。例如，跟朋友看电影快要迟到了，其实只要我们动作再快一点，没准就可以赶得上电影开演，可一想到朋友生气的诸多后果，我们的心里就开始慌了，结果越来越慢、越慢越拖延，迟到了半小时。

对此，我们需要做的，就是第一时间保持内心的平静，让自己立刻停止那些无谓的臆想，可以连续做几个深呼吸，也可以闭上眼睛放空一下大脑等。

3.不妨换个角度看事情

对于同一件事情，一百个人可能会有一百种想法，也就是说，我们看事情的角度可以是多面、多方位的。所以，我们与其在那些坏的结果上浪费时间，还不如从积极的一面出发，去思考解决的方法，并立即付诸行动。具体而言，我们可以多去观察事物好的一面，如记账时，不小心弄坏了笔，那就不要去想坏的笔会不会影响算账，而应当想这支坏了，正好可以借机换一支更漂亮、更好用的。

停止过度思考：没事想太多可能是种病

很多时候，思虑越多麻烦就越多。例如，我们计划减肥，可一想到从此就要跟那些美食划清界限，心里便不由得打起了退堂鼓，再一想就算自己每天吃清茶淡饭，还要花大价钱去上减肥课程，就会彻底打消这个念头。这便是思虑过度带来的危害，它会**在我们还没来得及执行前，就从心里否定自己的行动**，从而**导致事情被一再地拖延**。可事实上，这件事压根没我们想象中那么可怕。

老王大学毕业后被分配到了一家大型国有企业，成了一名大家都羡慕的技术员。对于这梦寐以求的"金饭碗"，老王十分珍惜，每天都勤勤恳恳地工作。他本以为生活会这样毫无波澜地继续下去，但令他始料未及的是，在自己快40岁时，却要面临人生中最重大的一次选择。

原来，随着国内经济的飞速发展，老王身边的很多人都纷纷辞职南下淘金，看着他们每次回家时志得意满的样子，老王也渐渐动了离开的心思。就在这时，跟他一起进厂的另一名同事也选择了辞职。由于这名同事也是个技术员，所以两人的关系较为亲近，他主动叫老王一起出去打拼。可面对邀请，老王却开始犹豫了。

"老哥，你看大家都南下了，你还窝在厂子里干吗呢？"

"我家里还有年迈的父母，万一他们生病了怎么办？"

"你媳妇不是在家吗？再说了，你不还有个妹妹吗，她会看着不管？"

"可我的孩子年纪还小，没有爸爸在身边，会不会影响他的健康成长？"

"你这出去打工不就是为了孩子吗？等你混好了，直接把他接过来！"

"一旦辞职，我就没有回头路了，要是南下不顺利，这一大家子人……"

"我说老哥呀，你想这么多乱七八糟的干吗，别人不都已经挣着钱了吗？"

……

同事见劝不动老王，便独自踏上了南下的列车。几年后，老王再见到那位同事时，对方已经在大城市买了房，将自己的父母和老婆孩子都接过去住了。

俗语有云，机会不等人，老王就是因为想得太多，拖着不肯行动才白白错过了改变人生的机遇。有人或许会笑老王愚昧，可反观自身，我们有时又何尝不是另一个老王？想换一份让自己舒心的工作，却被房贷、车贷、奶粉钱等压得动弹不得；想开创属于自己的事业，却被资金、项目、人脉等问题捆住了手脚。虽然做事需要三思而后行，但过度的思虑会束缚我们，令我们变得拖延、懈怠和懒惰。

可见，过度思虑常常会吞噬我们的行动力。实际上，思虑太多会消耗掉我们原本就十分有限的精力，一旦我们把精力都放在了犹豫上，那工作时自然就会精力不足、时间不足，从而养成拖延的坏习惯。若你现在仍陷于过度思虑而无法快速行动，那不妨从以下这几个方面入手，积极地做出改变。

1.必要时对自己狠一点

困难像弹簧，你弱它就强。有时，我们越是犹豫不决、胆小怕事，就越容易被思想的包袱所累，最终落得个一事无成的下场。

对此，在必要的时候，我们不妨对自己狠一点，抛开脑海里的一切杂念，孤注一掷地快速做出决定。注意，这里并不是提倡盲目冲动，而是在某些特定的情况下，我们可以选择适当地放手一搏，让自己先占据事件的主导权，然后再慢慢地想办法去解决。

2.要善于快速抓住机会

很多人都认为，雷厉风行的处事风格不够保险，因为它潜藏着犯错的危险，但跟犹豫不决会浪费时间和精力相比，它能让我们快速地抓住良机。对此，我们需要培养自己遇事冷静的性情，学会分析事物的发展趋势，以及能够随时掌控大局的能力等。唯有在具备足够能力的情况下，我们才有可能养成决策果断、雷厉风行的行事作风，否则，盲目地开始行动，只会让事情变得越来越糟糕。

3.学习一点取舍的智慧

在面对取舍时，人们的内心常常是痛苦的，因为无论是得到了，还是不小心失去了，我们都会陷入患得患失中。生活中，不少人会因一时的得失而迷失自己，让自己整天都活在焦虑和忧愁里，将时间全浪费在了担惊受怕上，以致最后一事无成。我们不妨学习一点取舍的智慧，对于该坚持的事就坚持到底，而到了该放弃的时候也果断放弃，从而让大脑失去胡思乱想的机会。

逆转反事实思维：别让"原本可以"占据你的脑海

所谓"**反事实思维**"，是指**在心理上对过去已经发生的事件进行否定，并建构一种可能性假设的思维活动**。例如，完成某项工作后，我们会不自觉地想：如果当时自己听了同事的话，是不是就可以做得更好？实际上，究竟会不会更好，谁也不敢保证，我们却会因此而陷入反事实思维，从而导致对接下来的工作心不在焉。倘若你还不能理解，那不妨一起来看看下面这个案例带来的启示。

阿牛是个非常实在的老实人，正因为实在，他常常希望能把事情做得更好。

这天，阿牛像往常一样去公司上班，可他刚坐在办公桌前工作不久，就开始纠结起昨天交给上司的那份报告。他觉得自己原本可以做得更好一些，如可以在报告里多加一些数据，以增强自己观点的可信度等。正当他想得入神时，耳边传来了一位同事的牢骚声："唉，这活怎么做得完啊？下午又要让孩子等了！"

阿牛平时热心惯了，见同事这么说，不忍心让孩子在幼儿园等爸爸，于是自告奋勇地提出了帮忙。同事见状，对他千恩万谢，还许诺明天一定请他吃饭。下班时，大部分同事收拾好东西便回家了，只剩下阿牛和其他几个人还在默默地加班，他不但要完成自己的工作，还得帮那位同事完成当天的任务，所以到最后便只剩下他一个人了。可怜的阿牛熬了大半宿，才终于弄完了那堆数据。

第二天一早，领导黑着一张脸走了过来，手里还拿着阿牛昨晚帮同事做的那份数据报告。只见领导气冲冲地吼道："谁做的这份报告？给我站出来！"大家你看看我，我看看你，鸦雀无声。领导见状将报告往桌上一扔，再次喊道："谁？立马给我站出来！"这时，那位同事才小声回答："这……这是我的报告！"

领导愤怒地说："数据统计你都能弄错小数点，赶紧给我重做一份！"

看着领导离去的背影，阿牛心里很不是滋味，那份数据明明是自己做的，却无端地让别人背了黑锅。正当他想要向那位同事道歉时，对方却走过来安慰他："小事情，不要放在心上，昨天要不是你帮我，我还不知道什么时候才能去接孩子呢！"然而，这件事却成了阿牛心里的坎儿，时不时地就会蹦出来刺激他一下。他每次都会想到那份报告原本可以做好的，只要自己当时再认真一点，那样同事就不会挨批评，自己也不会那么愧疚。这种想法充斥着他的大脑，以致在接下来的工作中，他频频出错，最终被要求严格的领导给开除了。

通过阿牛的案例，我们不难看出反事实思维的危害，它会令我们陷入自责无法自拔，就像阿牛那样因自责而整天神情恍惚。在现实生活中，这种思维模式主要针对的往往是一些已经发生的事情，有些人基于对美好事物的向往，常会不自觉地让"原本可以"占据大脑。而现实结果与期望之间的反差会使他们的内心衍生出诸多负面情绪，以致对接下来的事丧失专注力。

实际上，反事实思维并非只有坏的一面，它还可以给予我们一些积极正面的东西。例如，对于某些事情我们会想：幸亏当时这么做了，不然也无法获得现在的成绩等。换句话说，即这种思维方式有利也有弊，只要我们充分利用它好的一面，那么不但能赶跑脑海中乱七八糟的杂念，还能有效克制自己的拖延。

对此，我们要做的就是逆转反事实思维，下面我们一起来看看具体的方法。

1.赶走荒谬的消极心态

当我们陷入反事实思维中时，往往会衍生出一种消极的心态，此时，我们要做的就是赶走这种荒谬的心态。对此，我们需要创造一点轻松的氛围，让大脑清空那些"原本可以"的念头。例如，我们可以找到一面镜子，对着镜子中的自己说："我现在做得就已经足够好了！"然后开心地笑一笑。

2.不要纠结已经完成的事

生活中，总有人喜欢纠结那些已经完成的事情，若是积极正面的还好，可一旦被"还可以做得更好"的念头侵蚀，便会陷入无止境的假想中，白白浪费了自己宝贵的时间。有些事情做完了就应该放下，不必再去思考自己做得对不对或好不好，因为这除了会让我们分心，没有丝毫的可取之处。所以，我们要学会放下已做完的事情，试着清空自己的大脑，让自己轻装上阵，重新再出发。

3.放过曾经的那些错误

很多人喜欢揪着过去的错误不放，可错误已经造成，无论我们再怎么胡思乱想，也于事无补。错了就错了，只要保证日后别再犯类似的错误即可，没有必要因此拖延接下来的工作，给自己引来更加严重的不良后果。面对自己的错误，我们要勇于承认并承担责任，不要有任何的犹豫，因为错误已经是事实了，我们可以尽力弥补自己的过失，但不能揪着错误不放。

尝试倒推策略：从源头纠正错误的认知

什么是**倒推策略**呢？它是指**对事物进行反向思维，由结果去推演过程和寻找源头**。很显然，这个方法非常适合拖延症患者。因为很多时候我们只知道自己有拖延的坏毛病，却并不清楚它究竟是怎么形成的。我们**唯有找到自己拖延的源头，才能够彻底地做出改变。**

接下来，就看看下面这个案例的主人公是如何用倒推策略战胜拖延的。

珍珍自从换了新公司以后，便整天都有忙不完的事情，一上班就是接二连三的工作，而一下班则要面对家里的琐事，甚至连节假日都被安排得满满当当的。在她的生活里，那点可怜的休息时间几乎可以忽略不计。也正因如此，她曾一度想要逃避现实，让自己疲惫的身心得到休息，结果却将要做的事情拖得越来越多。

珍珍忽然意识到，这样既改变不了自己的现状，还会让生活变得一团糟。于是，她采取了倒推策略，决定反其道而行之，先休闲娱乐再来安排工作。

这个周末，珍珍决定尝试一下新的生活方式。只见她拿出当天的任务清单，首先将自己的娱乐活动填了上去，她把敷面膜安排在了早餐之后，把去超市购物放在了下午的所有事之前，把刷微博、浏览新闻等挤在了工作与家务的间隙之中。于是，这一天她的确是如此度过的：上午美美地敷完了一张面膜后，再去做那些琐碎的家务事，下午先去超市疯狂购物一番，然后再回家开始工作。

虽然珍珍要做的事还是那么多，能休息的时间也依然那么少，可是经过这样的变换以后，她的心情已经变得截然不同，即便是曾经让她厌恶不已的事情，她现在也能哼着小曲儿去干完。就这样，她逐渐恢复了自己的神采，每天都精神抖擞地迎接生活，工作起来更是有使不完的劲儿，拖延的恶习也不自觉地消失了。

是不是被珍珍聪明的想法给惊着了呢？其实我们也可以像她一样，利用倒推策略来合理安排自己的工作。也许，在有些人的眼里，倒推策略就应该是找出拖延的原因，然后再有针对性地加以纠正。这种做法的确是逆向思维的常规做法，但我们也可以像珍珍这样反其道而行，在日程表上先写出能让自己快乐的事，再填上我们需要完成的工作。当然，前提是要符合实际的情况。

实际上，推倒策略的核心还是为了解决逃避现实的问题。不少人一看见日程表上满满的工作安排，心里就会下意识地想要退缩，因为这让他们想起了工作时的压力与疲惫，内心出于对自我的保护，往往会本能地选择抵抗或拒绝。于是，他们便在拖延中享受"美好"的时光。所以，要想避免这种情况的出现，我们就要从源头纠正自己的错误认知。

1.认清拖延浪费时间的本质

尽管很多人都知道拖延的危害很大，但让他们具体说明时，他们却一个都说不出来。为什么呢？因为他们的内心深处并不这么认为，在他们看来，拖了就拖了，哪里会产生什么危害，可实际上，拖延最大的危害就是浪费了时间。对此，我们不妨做个小实验，分别记录自己拖延与不拖延的区别。相信通过最后的实验结果，我们势必能看清拖延会浪费时间的本质，从而纠正自己错误的认知。

2.不要用逃避来解决问题

生活中，有些人总喜欢用逃避来解决问题，如工作上遇到了困难，便将其放置在一边，美其名曰想到办法再处理，于是一拖再拖，直到拖不下去才不情愿地开始行动。要知道，逃避解决不了任何问题，我们唯有勇敢地去面对，积极地去思考，努力地去行动，才能及时、正确、顺利地解决问题，否则便只是在浪费时间。

3.合理安排自己的作息时间

对任何人来讲，无论是一味地埋头苦干，还是三天打鱼两天晒网，都不是正确的做事方式，因为前者会让我们身心俱疲，而后者会令我们一事无成。唯有合理安排自己的作息时间，做到劳逸结合，才有利于提高我们的效率。为此，我们可以根据每天的实际情况来安排作息。即便工作再多，也要给自己适当的休息时间，哪怕只有几分钟也行；若事情较少，我们则可以做些原本计划明天要做的事情减轻明天的负担。

锻炼反省思维：迅速转弯，别在错误里不断拖延

反省是**一种检查自己思想的行为**，我们能**通过反省找出自身的错误**，从而**及时地去纠正它**。人活一生，难免会犯下这样或那样

的错误，若我们任由这些错误发展下去，常常会给自己造成不必要的麻烦，如因犯错而不得不拖延，或为了改正错误推倒重来等。可见，我们若想戒掉拖延的坏习惯，就必须锻炼自己的反省思维，让大脑学会迅速转弯，这样才能避免在错误里不断拖延。

　　李玺是某汽车配件制造厂的车间主任，刚刚30岁出头的他之所以能够坐在这个位置上，是因为他拥有一个良好的习惯，那便是不断地进行自我反省。

　　作为一名车间主任，李玺每天都要面对诸多的工作，但他依然雷打不动地在每个星期一进行自省。通常，他会在这一天拿出自己的记事本，先将自己这周处理过的大事、要事写下来，再逐一地进行检查和筛选，看看自己哪些地方做得不够好，还有哪些方面需要改善等。例如，他会询问自己这样一些问题：

　　"这件事为什么会在这个地方出错？"

　　"小王与小张的事情，我这样处理对不对？"

　　"这项工作为何迟迟没有进展，问题出在哪里呢？"

　　……

　　不仅如此，无论是在生活中，还是在工作上，只要李玺遇到了需要自省的事情，他都会立刻采取行动。这不，在今天召开的每月例会上，他便这样做了。

　　"今天这个会议的主题很简单，那就是请你们给工厂提出宝贵的建议。"

"主任，是什么意见都可以提吗？"有名员工起哄道。

"对，只要是对咱们厂有益的，什么意见都能提！"李玺笑着回答。

"那我给主任提个意见吧！"一名年轻的新进员工怯怯地说。

"好啊，我非常欢迎！来，别害怕，我又不会吃了你！"

"我觉得……你以后还是不要在仓库门口吸烟了。"

李玺一听这话，顿时有点蒙了，因为他压根就不抽烟。

"李主任不吸烟的，你肯定是看错人了！"有一名员工当即大声喊道。

"呵呵，他的确看错了人，但这个意见提得非常好！"李玺稍顿了顿，继续说道，"他之所以会看错人，说明我平时跟大家联系得还不够，所以有的人对我还不太熟悉。今后我要多下车间，多接触你们，以便听取意见，了解情况。"

李玺的这番自我批评，获得了员工的一片掌声，也赢得了他们的心。

很显然，李玺已经将反省刻进了骨髓里，他从别人失实的批评中，都能够做到深刻的自省，并由此找到了改进工作的途径。每个人都难免会做错事，有些人像案例中的李玺那样，通过自我反省等手段，改进了问题，消除了内心的内疚感，可有些人却深陷其中无法自拔，因内疚感而丧失了生活的激情，患上了拖延症。

多进行一些反省，就会少出一些差错。其实，反省就是把当局者变成一个旁观者，把自己变成审视的对象，站在另外一个人的立场、角度来观察自己，评判自己。这一过程能让人重新认识自我，从而帮助我们将愧疚、自责等消极情绪，逐渐转变成追求进步的动力，以避免自己在错误里不断拖延。

可是，我们要如何锻炼反省思维，战胜拖延呢？别急，答案马上揭晓！

1.抽出固定的时间反省

有些人觉得，不就是自我反省吗？那还不简单，今天便可以完成任务。要知道，反省并不只是走个形式，它的关键在于循序渐进、不断进步，这显然不是一次或几次反省便能够做到的。为此，我们应当抽出一个固定的时间来反省，如可以学习古人每日三省吾身，也可以每个星期或每个月进行一次反省。至于具体的时间，只要我们有空闲，能抽得出时间即可。

2.借助必要的工具来反省

俗语有云："好记性不如烂笔头。"为了能更好地进行自我反省，我们不妨借助一些必要的工具，如笔、记事本等。我们可以先准备一个专门的记事本，最好是带日期的那种，然后在固定的反省时间写下自己这段时间里做过的事情，再逐一地对这些事进行检查，看看自己哪些方面做得还不够好等。

当然，我们也可以在某件事过后，立刻就进行自我反省，以免遗忘。

3.牢记结果，及时地执行

反省并不是最终的目的，它只是我们改正错误的一种手段。所以，要想自己能够有所收获，我们还得牢记反省的结果，并且及时地执行。我们可以将一些经常会犯的错误写下来，张贴在自己时常能看见的地方，如写在便利贴上，并将它粘在自己电脑的一角；或写在一张白纸上，贴在自己的床头等。总之，只要是放置在较为显眼的位置，能起到警示的作用即可。

ABCDE思维框架：对拖延思维进行劝导干预

"ABCDE思维框架"由美国心理学家艾伯特·埃利斯提出，它又被称作"合理情绪行为疗法"，即通过对自己进行合理的劝导和干预，来纠正自身的错误或不理智的行为习惯。对于拖延症患者而言，最难克服的便是心理上的负面情绪，如焦虑、紧张、不安等，该思维模式便能有效地解决这一难题。

多说无益，下面就让我们从案例中去体会ABCDE思维框架的作用。

欣欣是某公司的一位会计师，虽然平日里的事情不多，但每到年底便会忙得晕头转向。作为一名专业的会计师，她倒是不怕那些细小的工作，可一想到又要撰写年度财务报告，她便会一个脑袋两个大。因为这项工作既复杂又难受，复杂是由于需要整理出一年的财务收支，难受则是因为要长时间面对那些冰冷的数据。虽然她按时完成过类似的报告，但每次做心里还是会不由得打鼓。

正因如此，每每到这个时候，欣欣都会陷入无尽的焦虑中。上班时她还能够尽量克制，但一回到家里，她便会下意识地选择逃避，甚至宁愿将时间用在聊天、做家务等琐事上，也不愿回到自己的书桌前，去完成年度财务报告。她深知若自己继续这样下去，很可能会面临被辞退的风险，于是这一次她下定了决心要做出改变，而改变的方法便是朋友推荐的ABCDE思维框架。

首先，欣欣针对自己"以后再做"的想法，采取了一些对策。

一是通过给予自己积极的心理暗示，对"以后再做"的思维进行隔离处理。

二是从"立刻行动"与"以后再做"正反两面，让自己意识到拖延的巨大危害。

三是通过客观地看待撰写报告这件事，来调节自己的情绪和内心的感受。

通过对自己思维模式的改变，欣欣终于暂时克服了自己的拖延症。随后，她继续根据ABCDE思维框架的指导，将自己的问题都写了出来，如她的自我怀疑、期待过高、逃避现实等。为了解决这些问题，她给次年撰写年度财务报告的任务制订了一个简单的计划：她先设置了一个较早的开始日期，然后在中间增加了一段休息时间，最后她又将完成的期限稍稍往前提了提。

第二年，在欣欣的不懈努力之下，她的上司终于第一次提前收到了报告。

相信通过欣欣的这个案例，我们已经对ABCDE思维框架有了一个大致的了解。虽然看上去有点神乎其神，但本质就是我们都耳熟能详的"情绪疗法"，即通过改变拖延患者的情绪认知，来达到纠正他们错误行为的目的。经过这样一番解释，你是否会觉得恍然大悟呢？没错，道理就是这么简单，拖延症作为一种心理上的问题，在解决了情绪的问题后，自然便能治愈。

只不过，像所有治疗拖延症的方法一样，这种思维模式也需要我们不断地坚持，需要有意识地用积极的意念来指导自己的行为。否则，一旦我们的思想或情绪遭到侵蚀，拖延症便会一次又一次地卷土重来。所以，倘若我们不想让自己的努力都白费，对有时间限制的任务，我们就要既做到提前开始，又要确保能够有始有终，这样才能击败拖延思维。

最后，让我们再一起深入剖析ABCDE思维框架，以便能更好地去运用。

1. "A"（Activating）——事件

这里的事件是指导致我们拖延的事，即诱发性事件。这一点很好理解，如我们因经受不住火锅的诱惑而不断推迟自己的减肥计划，那么，这里的事件便是吃火锅。

2. "B"（Believe）——信念

这里的信念是指我们在遇到诱发事件后，对这件事所产生的看法、解释、评估等。其中，既包括积极的情绪，也包括消极的情绪。如吃完火锅后，我们可能会为了弥补这次的错误而下定决心更努力地去执行减肥计划，还可能会因此陷入自责、焦虑、挫败等不良情绪中，从此变得一蹶不振，加重自己的拖延。

3. "C"（Consequences）——结果

这里所谓的"结果"，是指在特定情景下，我们在情绪的引导下做出的行为结果。还是上面那个减肥的例子，面对两种不同的情绪，我们要有意识地通过结果去引导自己培养积极情绪，如我们可能会因吃火锅而使体重增加，这里的体重增加，便是我们应该引导自己看到的结果。

4. "D"（Disputing）——干预

这里所指的干预，就是对拖延思维进行劝导或干预。接着上面减肥的例子，虽然我们已经知道了吃火锅的后果，但拖延思维还是会不断地为我们找借口。此时，我们要做的就是利用情绪来干预自己的拖延想法。例如，我们可以看一下自己曾经苗条时的照片，以增加自己的积极情绪，从而坚定自己减肥的信念。

5."E"（Effect）——效果

这里所指的效果，是我们在质疑、挑战和对抗拖延思维所获得的成果，我们要充分利用这一次的成功，来逐渐纠正自己拖延的恶习。例如，当我们成功减掉了5斤后，可以将其中的经过详细地记录下来，以便自己能时不时地翻看，从而起到自我激励的作用。当然，我们也可以总结经验，查缺补漏，帮助自己进步。

❓小测试：你是不是一个善于思考的人

很多时候，改变思维常常能帮助我们解决很多难题，如当我们因焦虑而拖延了工作时，只要我们能想明白，拖延只是在浪费时间，唯有消除焦虑的情绪，才能顺利地完成工作。那么，我们必然不会再拖延，而是会去想办法缓解自己的焦虑。可见，思考能力对于拖延者也至关重要。你是否也想知道自己的思考能力如何呢？下面，就让我们通过一个小测试来检查你是不是一个善于思考的人吧。

请根据自己的实际情况，准确地选出最适合自己的那个答案。

1.你是否会凭直觉来判断问题的错与对？

A.是的 　　　　B.不是 　　　　C.不确定

2.你是否善于分析问题，但不擅长对分析结果进行综合、提炼？

A.是的 　　　　B.不是 　　　　C.不确定

3.你是否喜欢一成不变的事物，因而不愿提出新的建议？

A.是的 　　　　B.不是 　　　　C.不确定

4.你是否会总用相同的方法去解决问题？

A.是的 　　　　B.不是 　　　　C.不确定

5.你是否非常在意别人对自己的看法？

A.是的 　　　　B.不是 　　　　C.不确定

6.你是否觉得，获得他人的认可比做正确的事重要得多？

A.是的 　　　　B.不是 　　　　C.不确定

7.在新事物面前，你需要的刺激是否要比别人的多？

A.是的 　　　　B.不是 　　　　C.不确定

8.在面对难题时，你是否无法坚持不懈地去解决？

A.是的 　　　　B.不是 　　　　C.不确定

9.在闲暇时，你是否只能无聊地"数绵羊"？

A.是的 　　　　B.不是 　　　　C.不确定

10.在解决问题时，你是否会经常跟着感觉走，而不是积极地去思考？

A.是的 　　　　B.不是 　　　　C.不确定

11.对于现在的规则，你是否从没有想过将其打破？

A.是的　　　　　　B.不是　　　　　　　C.不确定

12.对于实际工作者和探险家，你是否会毫不犹豫地选择前者？

A.是的　　　　　　B.不是　　　　　　　C.不确定

13.你是否觉得书中、专家或权威的答案就一定全是对的？

A.是的　　　　　　B.不是　　　　　　　C.不确定

14.你是否不太热衷于幻想，头脑中几乎没有什么新奇的想法？

A.是的　　　　　　B.不是　　　　　　　C.不确定

15.生活中，你是否不太会对事物产生联想？

A.是的　　　　　　B.不是　　　　　　　C.不确定

如果肯定的答案占多数，那便表示你的思考能力较差；如果否定的答案占多数，那就说明你是个很有想法的人；如果你大部分的答案都是不确定，那只能说明你的思考能力一般。下面，我们就一起来看看对答案的具体分析吧。

A选项较多：很遗憾，你是一个思考能力较差的人。

或许是因为懒得去动脑，所以你变成了一个不善于思考的人。你非常珍惜自己的脑细胞，所以，经常喜欢去做一些不费脑子的事情。也正因如此，你往往很难在某个领域获得成就。倘若你继续这样下去，保不齐哪天你的脑子就会生锈，要知道，脑子越动才能越聪明，别再犯懒了，赶紧训练一下自己的思考能力吧！

B选项较多：虽然你的思考能力一般，但只要稍加训练还有得救。

在你看来，脑子要用在正确的地方，所以你经常会有选择地去思考。一般来说，对于那些感兴趣的事物，你可以费尽自己的脑细胞，而对于那些不感兴趣的东西，你通常懒得去思考。殊不知，勤于思考才能勇于创新，你若想获得一定的成就，现在就开始行动起来，好好地训练一下自己的思维模式吧！

C 选项较多：恭喜你，你是一个很有想法的人。

你是一个非常善于思考的人，越是刁钻的难题你越喜欢，因为它能给你带来思考的乐趣。正因如此，你看问题的角度常会与众不同，总能够发现事物不同的一面，也经常可以更立体地去分析问题，并且每每都能获益良多。

第六章

建立目标，拥有不拖延的内在驱动力

目标效应：远大目标更易打开行动开关

目标是什么？它是**我们想要达到的某种目的或标准**！不少拖延症患者都没什么目标的概念，因为他们常常无所事事，不知道自己每天该做些什么，内心非常的迷茫。与之相反，**凡是有高效执行力的人，通常都有明确的目标**。他们会不断地去完成一个又一个的目标，让自己的精力时刻保持充沛的状态，也因此一步一步地接近梦想，直到最后实现它。

在一个小镇上有个名叫李猛的小伙子，在他上中学时，父亲就发现了他的商业天赋。他会把家里的空饮料瓶做成小摆件，周末拿到集市上去卖钱；还会带着工具去邻居家除草、修剪树枝，赚点外快……父亲心里清楚，这些都不过是小聪明，若想成为一名真正的商业巨头，李猛需要的不仅仅是社会阅历，还有专业的商业知识与经商技巧！

于是，父亲找李猛进行了沟通。谈话间，李猛表达了对做一名成功商人的向往，树立了成为商界精英的目标。

为了实现这个目标，李猛报考了一所著名的大学，并选择了攻读那里的机械制造系。通过学习，他对机械产品的性能、生产制造都有了深入的了解，不但培养了自己的知识技能，还建立了一套严谨的逻辑思维体系。此外，在大学的四年里，他还选修了一些相关的专业课，如电工、电子、化学、建筑、力学等。

转眼间，李猛就大学毕业了。此时，他并没有急于经商，而是去了一家医疗器械公司，从底层一点点地开始学习，让自己熟悉业务，掌握必要的商业技巧。之后，他跳槽去了另一家国际大公司任职。在之后的整整三年时间里，他学会了各种商务技巧，也摸清了当下的行情。他觉得实现目标的时候到了，便谢绝了公司的高薪挽留，自己创办了一家医疗器械商贸公司。

就这样，李猛终于踏上了梦寐以求的经商之路，实现了自己的商业梦！

不难看出，李猛在目标的指引下，每天都在马不停蹄地追逐着梦想，不敢有丝毫的懈怠。这是为什么呢？因为目标能激励我们不断地前行！对我们来说，目标是我们拖延时的闹钟，能把我们从懒惰的噩梦中叫醒；它是我们为拖延寻找借口时的一盆凉水，能瞬间浇熄我们懈怠的念头……是的，它就是这么神奇的存在！

很多时候，人只要有了目标，便有了为之而努力的方向。当一个人有了明确的目标后，就会心心念念地想要立刻行动，从而集中自己所有的时间和精力，坚持不懈地去努力实现它。为了能实现目标，我们会始终处于一种主动求发展的状态，充分发挥自己的主观能动性，每天都精神饱满地投入学习和工作之中。

很显然，一个好的目标对我们百利而无一害。那么，什么样的目标才算好呢？对此，我们可以参考以下几个标准。

1.不能抽象，越具体越好

很多人在定目标时，都喜欢说要获得成功，殊不知，这样的目标太过模糊与抽象，每个人对成功的定义都不同，你想要的成功到底是哪一种？这时，也许有人会说，那我把目标定在事业上总可以了吧？这也不够具体，要知道，事业可是包括无数个领域，你是想成为明星、运动员，还是物理学家或心理学家呢？所以，千万别把随口一说的话当成目标，一定要将它具体化，而且是越具体越好。

2.脚踏实地，起点别太高

俗语有云，万事开头难。每个人初做一件事，不仅要抵挡对未知的恐惧，还要应对各种阻碍、困难以及挑战。完成目标亦是如此，就算我们已经有所准备，但在刚开始时，照样会千头万绪、无从下手。若我们定的起点太高，那么，一而再、再而三的失败便会逐渐消减我们的热情、自信和斗志，目标也会变得难以实现。所以，在制定目标时不能好高骛远，而应当选择最适合自己的！

3.该变就变，不能一根筋

是的，确立目标可以帮我们实现梦想，可若我们行动时完全按部就班，那么我们就会缺失创造力，从而变得刻板、教条，甚至还会给实现目标带来很多障碍。实际上，人生中真正不变的恰恰是变化本身。所以，千万不能一根筋，即便定好了目标，该变的时候还是得变。如果我们意识到现在的目标难以实现，并且已经不是自己真正想要的，那么，我们就完全可以考虑对目标做适当的修改。

目标明确性：避免在瞎忙中浪费精力

众所周知，目标对我们而言十分重要，可有些人明明制定了目标，也非常努力地去实现，可为什么就是不成功呢？其实答案很简单，因为他们的**目标不够清晰、明确，而且经常改变，以致自己在瞎忙中白白浪费了宝贵的时间和精力**。对我们而言，目标就是我们前进的方向，若不能给出一个精准的定位，免不了会走一些弯路。

就像下面这个案例中的王强就因为目标不够明确，而浪费了精力，最终碌碌无为。

16岁那一年，王强非常渴望能在体育界获得成就，他用了足足3年的时间来训练，终于获得了全市乒乓球赛的冠军。亲朋好友得知消息后，都纷纷为他的胜利而欢呼，还为他举行了一场隆重的庆功宴。然而，长期艰苦的训练逐渐磨灭了他的意志，虽然他内心依然渴望成功，却已对乒乓球产生了抗拒。

在接下来的训练中，王强变得漫不经心，以往积极训练的劲头也消失了，只要不是正式的训练课程，他都会找各种借口来拖延。由于长时间的懈怠，他的比赛成绩也一天不如一天，教练找他单独谈了好几次话，还是无法改变他，让他重拾昔日的激情。

一个偶然的机会，王强迷上了网络游戏。为了能更痛快地玩游戏，他常常自己修理家里老旧的计算机。渐渐地，他对计算机产生了兴趣，于是他放弃了打乒乓球，而选择了学习计算机。作为一个新手，他努力自学了基础课程，为了能学习更多东西，他努力考上了一所大学的计算机系。

然而，大学毕业后，王强又迷上了风格各异的建筑，想在建筑界做出名堂。为了这个目标，他一边找工作，一边恶补建筑知识。当他终于熟悉了建筑行业的基本运作时，才发现自己这些年一路走来，虽然整天都忙忙碌碌的，却一件事情都没做成，而自己现在想要的成功也依然遥不可及。

显然，王强正是因为总是随心所欲地更换目标，才会最后一事无成。倘若他始终将目标锁定在乒乓球上，也许用不了几年，便可以成为一位更优秀的运动员。实际上，生活中有不少人像他那样，将目标定在"成功""晋升""提高成绩"等模糊而又抽象的概念上，以致让自己所有的努力都白费。

著名的效率提升大师博恩·崔西曾认为，想成功最重要的是知道自己究竟想要什么。成功首要的因素是制定一个明确、具体而又可以衡量的目标。

清晰的目标就像一盏明灯，能让我们沿着正确的方向更快、更稳地行走。通常，有明确目标的人目的性更强，因为他们知道自己想要的是什么，所以效率更高，不会养成拖延的习惯。当然，追逐目标的脚步也不允许他们去拖延工作。

只是我们如何才能制定出明确的目标呢？对此，不妨从以下几点入手。

1.目标必须是具体的事物

目标不能只是一句简单的口号，一旦它在我们的脑海中呈现出来，就应该是一条路线清晰、方向明确的大道，唯有如此，它才能准确无误地指引我们到达目的地。因此，我们就需要将它放到具体的某件事物上，使其具有一定的针对性，如我们的目标是获得成功，那么，就必须指出在什么事情上获得成功，是想在现在就职的公司升职加薪，还是想获得更大企业的青睐，站上更大的平台等。

2.可以借用数字来表达

有些人认为，目标是一个十分抽象的概念，因为它既看不见，也摸不着，只是一个模糊的想法。殊不知，有些目标也可以借用数字来表达。例如，我们的目标是提高业绩，那就可以将自己想要达到的销售额写出来，是要比上个月的销售额增加50万元，还是今年的总销售业绩要达到500万元。这样才能更清晰、更明确。

3.目标一定要切实可行

无论多么伟大的目标，最终都需要我们用行动去实现，否则就会变成空谈。所以，目标还一定要切实可行，如有人将目标设定为成为超人，那么这个目标就没有可行性，想要实现它，根本找不到切入点，不知该从哪里开始行动。这样的目标等于白日做梦，因为它只能出现在梦中，现实生活中压根就不可能实现。

目标可操作性：具体而实在的目标更易于执行

有些人认为，设定目标只是写几个愿望，殊不知，这种想法大错特错，设定目标远比我们想象的复杂。要想制定一个近乎完美的目标，不仅需要**准确定位自己将来的发展方向**，还必须**科学规划、合理安排**，甚至在必要时，还得对它**做出适当的调整**……这一切的思考和计划，都是为了**在实际操作的过程中**，能够**更好地去执行**，**否则一旦出现了阻碍，就很可能会被拖延钻了空子。**

换言之，即在制定目标时，我们还必须注重它的**可操作性**。

汪娟在进入公司时，便给自己制定了一个目标，那就是五年之内坐上销售经理的位置。然而，她在执行的过程中，却再三地拖延，以致离目标越来越远。

对于销售人员来说，业绩就是升职加薪的筹码，汪娟也十分清楚这一点，可她每个月的销售业绩几乎都无法达标。这是为什么呢？原来，她为了达到自己的目标，设置了一系列中长期的目标，如每年的销售业绩要保持在前三名；三年内成为企业的"王牌销售"；五年内在整个销售行业中站稳脚跟……

乍一看，汪娟的计划似乎并没有什么不对，但其实它缺少最重要的一点——可操作性。由于她设定的这些目标都是中长期的，所以，对于自己短期的工作任务，她压根不知道如何去安排，只能是看一步走一步，结果耽误了不少重要的事情。

比如销售业绩，由于目标中设置的是每年保持在前三名，因此，对于每个月的业绩她并没有那么在意，能达成交易最好，若最后不能成交，她也不会努力地去争取，而对于那些难搞的客户，她则是能拖就拖，懒得跟他们打交道。她总想着就算这个月的业绩不好，等下个月再追回来就行了。

到了年底，别说是前三名了，汪娟连公司的销售总榜都没有进去。

不难看出，汪娟制定的目标并没有错，而是在实际操作中出现了问题。她虽然给自己制定了明确的目标，却并没有具体且实在的执行计划，以致不知道该如何去行动，从而导致了拖延，令自己离目标渐行渐远。其实在生活中像汪娟这样的人很多，他们常单纯地认为，只要设定了完整的目标，便可以万事大吉了。殊不知，真正重要的是如何去执行和操作，否则目标就是一种空谈。

看到这，也许有人会问：什么是目标的可操作性呢？它是指事情或项目在具体实施的过程中，能否流畅或高效地执行下去，从而更好地达到目的。这也是制定目标能否帮助我们克服拖延的关键。有些人误以为它是可行性，却不知可行性只注重结果，即最后能不能实现，而可操作性关注的是具体的方法与步骤，它们是两个完全不同的概念。那么，如何才能确保目标的可操作性呢？我们大可借鉴下面这几种方法。

1.不要只设定长期目标

在很多人的印象里，目标就是自己的一种长远打算，于是，潜意识中便将其与遥远联系在了一起。殊不知，目标并不一定非要是长期的，也可以是短时间内想要完成的事情。相对于需要长期努力的目标，短期目标往往方向更明确、更清晰，指导性也会更强，并且由于完成的时间较短，它还能更有效地激励自己。所以，我们在设定目标时，千万不能一味地将关注点都放在长期的目标上。

2.将长期目标分解为若干个短期目标

任何目标都不可能瞬间实现，尤其是长期目标。很多时候，我们往往需要用几年甚至十几年的时间，才能够顺利地完成它。此时，我们若能将其分解成一系列短期目标，那么，我们就能在完成每一个短期目标的同时，获得成就感和继续前进的动力，实现长期目标的路也就显得不再漫长。例如，我们的长期目标是成为一名优秀的医生，就可以将这个目标分解为考入好的医学院、去知名医院工作等。这样，我们便能更好地实现长期目标。

3.最好只设置一个长期目标

每一个长期目标都对应着一条路，我们要想实现自己的目标，就必须保持专注的态度，让自己全身心地投入。可在生活中，有些人却因贪多而设置了多个长期目标，殊不知，这种做法大错特错，因为过多的长期目标常常会分散我们的时间和精力，使得我们无法集中自己的注意力，不能按部就班地去实施原本的计划，最后不得不半途而废。由此可见，长期目标还是一次只设置一个为好。

目标务实性：先做到小事不拖延

在执行目标的过程中，有些人常常会把目光放在重要的大事上，对于那些细枝末节的小事则一拖再拖，结果却因细节处理不当而漏洞百出，只好不断推迟完成的时间。很多时候，我们的**内心越渴望实现目标，就越容易忽视不起眼的小事，觉得它们不值得自己去浪费时间和精力。**可实际上，**如果对这些小事都一再拖延，又怎么可能脚踏实地地去完成所谓的大事呢**？

其实，无论是大事还是小事，都需要不找借口地立刻执行，唯有如此，我们才能顺利地完成目标。

华子是一名机械维修工人，他的工作就是对器械进行维护和修理。自从踏入这个行业以来，他就制定了自己的目标——成为一名优秀的维修工程师。可已经在行业打拼了多年的他，却依然没能完成自己的这个目标。原来，他只对那些重要的大事积极，对小事每每都是能拖就拖，说白了，就是好高骛远，不务实。

这天，华子像往常一样上班，照例检查了自己负责的那几台机器，只不过，他检查的都是机器的大问题，如能不能正常的运行、机器本身有没有被损坏、电源有没有漏电情况等。而对于其他方面他则睁一只眼闭一只眼，不愿浪费自己的时间和精力，即便发现机器有点小问题，他也会先拖着，总觉得不是什么大事，下次再修也一样。

检查完毕后，华子便去了维修工休息室，拿出手机开始刷起网页来。

"华师傅，我机子上的一个零件好像有些松动，你赶紧过去帮忙看一下。"

"没事，只是一个小零件而已，机子我都已经检查过了，你放心用。"

同事听见华子的这番话，只好无奈地返回了岗位。可没过多久，他却又急急忙忙地来找华子，说道："华师傅，那个松动的零件好像有点不太对劲。"

"一个小零件能有什么不对劲的，你就别自己吓唬自己了！"

同事见华子依然悠闲地在玩手机，只好无奈地选择了离开。

一段时间后，工厂里突然躁动起来，华子出去一问，才知道原来是某台机器出了问题，导致操作这台机器的一名员工负了伤。正在这时，有人告诉他，厂长正在办公室里等着他。见到厂长后，他才得知那位受伤的员工正是多次来找自己的同事，而那台出了问题的机器便是自己负责的那几台机器之一。

通过检查发现，正是那个松动的零件引发了事故，华子要对此负全责。

生活中，有不少人在追逐梦想的旅途中，都像案例中的华子那样眼高手低，不肯脚踏实地去做事情，总想着偷个懒。实际上，那些所谓的大事都是由无数的小事组合而成的，只要将它们分解开来，便不难发现，其本质其实也是一堆小事。对于拖延症患者来说，目标的务实性尤为重要，因为唯有先做好自己身边的小事，我们才能一步一个脚印地去完成目标，否则很可能会半途而废。

很多人都觉得，小事只会浪费自己的精力，殊不知，学会及时完成小事是我们战胜拖延的重要一步。例如，每天或一段时间内反复去做一些小事，往往有益于培养我们的耐性、细心、观察力，以及锲而不舍的精神等，这些都能令我们在实现目标时变得更加务实，从而帮助我们去对抗拖延。

说了这么多，究竟应该怎样去做呢？一般而言，我们一定要注意以下几点。

1.端正心态，不能敷衍了事

也许，你会觉得小事还不简单，随随便便就能搞定它。但我们若抱着这种心态去做事，即便最后完成了，也有可能会出现一些问题，届时，我们势必要再花时间去完善，结果还是变成了一种拖延。所以，在做那些小事时，我们一定要先端正自己的态度，千万不能敷衍了事，而应当以一种认真、负责的态度去对待每一件小事，这才是做事的正确心态。

2.学会分辨，只做有价值的小事

虽然小事也很重要，但对于实现目标来说，唯有与之相关的小事才能够称得上"重要"二字。所以，我们要学会分辨哪些小事是有价值的，哪些压根就不值得浪费时间和精力。否则，如果连打扫办公室的卫生或给办公室里的饮水机换水等鸡毛蒜皮的小事都要重点去做，那我们估计要等到猴年马月才有可能实现自己的目标。

3.坚持不懈，保持对小事的热情

众所周知，实现目标是一个长期的过程，所以我们常常需要每天或在一段时间内反复去做与之相关的小事。但是，每天都面对那些枯燥的小事，内心难免会出现一丝懈怠的情绪，这时我们不妨进行积极的心理暗示，如告诉自己"只要完成这件事，就能离目标更近一步"等，从而让自己保持对那些小事的热情。

登门槛效应：将大目标层层分解，更能够减少恐惧

任何目标的实现都不可能一蹴而就，尤其是那些美好、伟大的目标，往往需要付出超乎寻常的努力，以致很多人在实现大目标的过程中，纷纷失败。其实，他们也不想半途而废，只是这**目标太难达成，总让人觉得成功遥遥无期**，再加之**身体和心理上的倦怠**，

逼着他们**不得不选择放弃**。对此，我们不妨利用**登门槛效应，将大目标层层分解为一个个的小目标，从而减少自己心理上的负担**。

　　小芳是一名普通的销售员，她自从踏入销售行业，便为自己制定了一个远大的目标，那就是要成为公司的销售冠军。然而，她经过多年的努力，却始终无法实现。一次又一次的打击让她身心俱疲，可她仍然不肯就这么放弃。于是，她开始寻找原因和解决问题的方法，终于发现自己的心理出现了问题。

　　原来，小芳第一次在公司销售总榜上名落孙山后，内心便产生了一种恐惧感，她害怕自己即使拼尽了全力，也无法实现那个远大的目标。这种恐惧感令她在追逐目标的过程中变得异常谨慎，只敢去争取有可能会成交的客户，而对那些难啃的"硬骨头"采取逃避的策略，遇到这些人的单子能拖就尽量拖。

　　这种有选择性的销售使得小芳的业绩再次下滑，而这又更加深了她内心的恐惧感，以致形成了一种恶性的拖延循环。小芳很清楚，若再这样继续下去，她的职业生涯很可能会因此断送。为了解决这个难题，她决定将大目标分解成一个个的小目标，先冲刺销售部每个月的小组销售榜，每次努力追上前一名的那个人。换言之，即她将每个月的小目标设定为超过榜上排在自己前面的那个人的业绩。

　　面对分解后的一个个小目标，小芳内心的恐惧感也渐渐消失。不仅如此，随着完成的小目标越来越多，她变得越来越有自信，对完成下一个小目标胸有成竹。毫无压力的她不仅心态好了，工作起来也充满了激情和动力，一改之前的谨小慎微。一段时间后，她惊奇地发现，自己曾经以为拿不下来的那些客户，在她的不懈努力下，居然大部分都已经与她签订了合约。按照这种情况，相信用不了多长时间，她便能实现自己的大目标，而这一切则全都归功于"登门槛效应"，让她懂得了要对大目标进行分解。

所谓"登门槛效应"，是指当我们接受了他人一个微不足道的要求后，为了避免认知上的不协调，或想给他人留下前后一致的印象，就有可能接受对方更大的要求。这种现象，就像登门槛时要一个台阶、一个台阶地登。

心理学家认为，通常情况下，人们都不愿接受较高、较难的要求，因为它费时、费力又难以成功；相反，大家对那些较小、较易完成的要求，心里一点也不排斥，甚至还会主动帮忙。登门槛效应便是利用人的这种心理特征，让我们将注意力从大目标转移到一个个的小目标上，以减少自己内心的紧张、焦虑、恐惧等负面情绪。

那么，具体到克服拖延上，我们应该怎么做呢？不妨从以下几个方面入手。

1.量化目标，给自己一个执行的标准

所谓量化，就是尽量用精准的数字去代替目标，如我们的目标是三年内让薪水翻一番，那不妨直接写出具体的金额。当我们制定目标后，如果能把它进行具体的量化，那么，我们在执行时便有了一个确切的标准，从而知道自己什么该做、什么不该做，以及应该怎样去做。同时，我们还可以将自己的完成程度和目标进行对比，以缩短彼此之间的差距，让我们能更快地去实现目标。

2.细化目标，让它变得更容易实现

对于那些不能量化的目标，我们可以将它们细化。什么是细化呢？就是对事物进行分解，变成一个更详细、更具体的新事物。所谓目标细化，就是找出实现目标的关键因素，再根据它对目标进行分解，如我们的目标是业绩第一，那么就是要找到提升业绩这一关键，从而对它再进行分解。这样既能明确自己的目标，又能有效掌控自己的进度，并且目标分得越具体，我们就越觉得容易实现。

3.目标流程化，避免不必要的麻烦

如果目标既不能量化，也不能细化，那就不妨采取流程化的方式。对于我们而言，按照固定的流程去操作，不但可以省时、省力，还能避免那些不必要的麻烦。对此，我们要做的就是，必须

确保每一个流程的存在价值，从而使整套流程简单、实用，同时，还要制定流程的操作标准，定期对自己进行评估！

目标趋近效应：越接近目标，就越有动力

你是否有过这样的经历呢？当工作快要完成时，无论谁来打扰，我们都不会选择停止；当我们在游戏中一路拼杀，马上就可以顺利通关时，任何事都无法干扰我们……这种**越接近目标越努力的现象**，便是心理学上的"**目标趋近效应**"。该效应是指**我们越是趋近某个目标时，越是愿意不惜一切代价去完成它。**

小萌本是工厂里的一位普通女工，当她看见身边的人都在销售行业混得风生水起时，便毅然辞职，进入了销售行业。作为一名销售新人，她既没有自己的客户群，也没有高超的销售技术，因此每个月都处于公司垫底的位置。这让她感到非常难过，时间一长，便失去了工作的动力，对待工作开始拖延。

为了改变这一现状，小萌为自己制定了一个短期的小目标，那便是完成当月的销售额。经过不懈的努力，只要再搞定一笔单子，她便能顺利完成这个月的销售额，这让看到希望的她充满了动力，并决定尽快啃下最后一块硬骨头。

小萌的突然造访让那位拒绝过她的客户有些意外，可尽管如此，客户还是热情地接待了她。两人闲聊了一会儿后，她便说出了自己的来意，而客户却果断地拒绝了。虽然客户的拒绝让她有些失落，但为了完成销售任务，她并不打算放弃。

第二次的拜访，小萌依然是先联络感情再说正事。这一次，客户虽然最后还是选择了拒绝她，却已经没有以前那么坚决了。这一点让小萌非常欣喜。为了能够尽快完成这个月的销售额，她趁热打铁，在第二天又去拜访了对方。

第三次的拜访，小萌改变了策略，从客户本身的需求出发，重点介绍了公司产品如何能满足客户的需求。这一次，虽然客户还是拒绝了，却明显已经出现了购买意愿。

次日一大早，小萌直接带着合同又去了，这次客户终于在她的游说之下签订了合同。

是什么令小萌坚持不懈地去拜访呢？没错，就是接近成功激发出来的动力！其实通俗点说，就是小萌为了不让自己之前的努力全都白费，从而愿意付出更多的代价，去完成需要的最后那笔单子。这就是目标趋近效应对人的影响，因为没人舍得放弃快要到手的成功，尤其是自己已经付出巨大的努力时。

当我们非常趋近某个目标时，常常会愿意付出更多的时间和精力去完成它，因为此时我们已经感觉到成功几乎唾手可得，只要自己再努力一下就行。正是这个信念给了我们积极的正能量，我们会觉得自己浑身都充满了动力，不再拖延，即刻行动，直到最后实现目标。

那么，我们应该如何运用目标趋近效应？对此，不妨参考以下几点。

1.细分目标，越细越易成功

很显然，要想充分发挥目标趋近效应的功效，我们就必须尽可能多地接触成功。对此，最简单有效的方法便是在合理的情况下，将目标进行最大限度的细化，每分解出一个小的目标，我们就能够多一次获得成功的机会，从而获得多一分的动力。当然，使用这个方法有一个重要的前提，那就是必须在合理的情况下进行，不能为了分解而去分解目标，要根据实际的情况来定。

2.先易后难，成就感会更强

除了多接近成功之外，我们还可以采取先易后难的方法，让自己获得更强的成就感，进而达到激励自我的目的。为此，我们可以从现有的目标入手，先选择那些简单的目标去完成，再着手去搞定那些困难较大的，最后再去完成最难的。在这一过程中，随着目标的不断实现，我们内心的成就感会越来越强。

3.循序渐进，一点点地获取

在追逐目标时，一定不能因贪心而冒进，总想着先完成那个最大的，而应当循序渐进地一点一点获取成功。要知道，大目标往往需要的时间也较长，很多时候，我们一直努力却无法接近最后的目标，这显然给不了我们任何动力，有时甚至还会带来一些阻力。所以，在完成目标的过程中，我们不妨先选择耗时最短的，再逐步选择耗时长的，好让自己渐入佳境。

建立反馈机制：在检查和修正中提升自我效能感

有些人认为，一旦设定了目标，自己就必须一条路走到黑。殊不知，这种想法是愚蠢的，因为在实现目标的过程中，我们或多或少都会遭遇一些阻碍，若只是几个坎倒无所谓，可要是**发现了严重的问题，难道还要硬着头皮继续下去吗**？答案**显然是不行**，因为这不仅会**让我们做无用功**，更会**拖延完成目标的时间**，为此，就需要我们**建立一套目标反馈机制，在检查和修正中提升自我效能感**。

土伟是一家通信设备贸易公司的老总，为了实现打开国外市场的这个目标，他将目光锁定在了南美洲的一个国家，想以它作跳板，打开整个南美洲的市场。经过多年的努力，他终于跟当地的客户打成了一片。这天，他按照目标反馈机制的要求，定期检查自己的执行成果，结果通过研究客户档案发现，真正愿意合作的都是一些小企业，那些大企业和大客户一谈到合作，就找各种理由来拖延。

为了打破这个尴尬的局面，王伟对目标进行了调整，他决定不再浪费时间和精力在小客户身上，而是向那些资力雄厚、资源丰富的重要运营商投去橄榄枝。经过几番波折，他终于可以跟某个重要运营商直接对话了。他本打算以自己的技术和能力去征服对方，可对方压根就不相信王伟公司的实力，不愿意与其合作。

面对这个难题，王伟再次启动目标反馈机制，开始审查自己的目标计划，得出了此路不通的结论。于是，他又对目标进行了调整，将"征服"策略改成了打"温情牌"。这牌要怎么打呢？他决定带这位大客户来中国"游玩"一番，并早早规划好了路线。于是，王伟沿着北京—上海—深圳这条主线，带着那位大客户参观了中国发展得最好的几个城市，这一路走来，大客户直呼大开眼界。

果不其然，经过一番"游玩"后，这位大客户当即表示愿意跟王伟合作！

原来，这位大客户之所以不相信王伟公司的实力，是因为他对中国的印象还停留在几十年前，于是便理所当然地认为中国的通信设备都十分落后。但经过这么一番"游玩"后，他才知道中国早已发生了翻天覆地的变化，再加上王伟一路上对自己公司产品的介绍，他自然也就放下了成见，选择了相信中国企业。

试想一下，若王伟没有为目标建立反馈机制，最后会是一个怎样的结果呢？他可能会坚持按照原本的计划去执行，将时间和精力都用在小客户身上，难以真正打开南美洲的市场，从而拖延完成目标的时间。要想避免这种拖延，我们就很有必要建立一套科学、合理的目标反馈机制，这不但能帮我们找出执行过程中的漏洞，还能通过检查和修正等手段提升自我效能感。

　　所谓"自我效能感"，是指个体对自己是否有能力完成某一行为所进行的推测与判断。显然，自我效能感的提升有利于增加我们的自信心，让我们更好地去执行计划和实现目标，消除不必要的拖延。所以，当我们发现自己的目标有误或原定的计划实现不了目标时，便要学会审时度势，及时地对其进行检查和修正，从而确保接下来的计划能顺利地进行。

1.定期检查执行的成果

　　有些人在完成目标时，总喜欢低着脑袋往前冲，全然不顾自己执行的结果如何，以致在错误的道路上越走越远。要想避免这种情况的出现，我们就应当定期检查执行的成果。例如，我们可以将期限设定为一个月，那么，我们每个月都要查看执行的进度，倘若非常顺利，便可以继续下去，反之则要找出原因并及时地去处理。

2.时刻关注外界的变化

　　有时，我们需要的反馈并非来自自身，而是来自外界。例如，我们想要成为最受欢迎的人，那么，我们需要的反馈便是身边同事对自己的热情度。所以，我们还应当时刻关注外界的变化，如果外界传递回来的信息正是我们所期待的结果，便可以继续执行计划，反之，则要根据具体的情况来进行整改。

3.不要轻易地改动目标

也许有人觉得，既然调整目标有这么多益处，那不妨没事就去改一改。殊不知，这种想法大错而特错，因为目标大多都跟我们自身的利益息息相关，并且各目标之间常有着千丝万缕的联系，只要我们动了其中的任何一个，便会对其他的目标造成影响，牵一发而动全身。所以，除非必要，最好不要轻易地去改动它。

? 小测试：你有明确的职业目标吗

所谓"职业目标"，是指个人在选定的职业领域内，预设自己将来所要达到的具体目标，通常包括短期目标、中期目标和长期目标。对于身处职场的人而言，一个明确的职业目标不仅能为他们指明前进的方向，还可以给予他们工作的热情和动力，甚至可以说，职业目标是取得事业成功的重要因素之一。那么，你是否也有明确的职业目标呢？要想知道答案，咱们不妨一起来做个有趣的小测验。

请根据你对自己和目前就职企业的了解，选出其中最适合的那个答案。

1.你现在从事的职业，是自己的选择，还是出于其他的原因？

A.是自己的选择

B.是出于其他的原因

2.假如你明天就要面临失业，你觉得自己能找到其他合适的工作吗？

A.没问题，自己的能力摆在那里

B.不太清楚，因为心里没底

3.对于你目前就职的企业，你觉得它未来是否能够发展壮大？

A.相信它会日益壮大

B.很难说，因为不确定因素较多

4.你是否在目前就职的企业参加过学习培训？

A.曾经参加过

B.一次都没有参加过

5.你现在从事的职业，是否能够让你发挥自己的特长？

A.是的，可以

B.几乎用不到自己的特长

6.是什么力量支撑着你每天努力地工作？

A.对成功的渴望

B.为了生活

7.你是否清楚自己未来的发展方向？

A.十分明确

B.不知道，走一步算一步吧

8.对于自己未来几年的发展，你是否已经做出详尽的规划？

A.是的，已制订3到5年之内的发展计划

B.压根没有，因为没往那方面想过

9.你现在从事的职业，是否能跟你人生的事业挂钩？

A.当然可以

B.不能，或者自己也不太清楚

10.如果现在给你一个重新选择职业的机会，你会怎么做？

A.再选择一个更适合自己发展的工作

B.就待在原地不动，或者一时间很难做出选择

11.在确立自己的就业方向时，你是否会借鉴别人的经验？

A.会，因为可以吸取教训，也能借鉴成功经验

B.不会，或者根本就没想过这个问题

12.你会因为上司给别人升职加薪却没有给你而考虑辞职吗？

A.不会，因为那是别人应得的

B.会，或者要看具体的情况而定

13.在现在就职的企业中，你的工作是否至关重要？

A.当然是的

B.不是，或者不好说

14.在工作中，你能找到属于自己的乐趣吗？

A.虽然不是经常能找到，但也可以找到

B.几乎没有任何的乐趣可言

15.你认同目前就职企业的企业文化吗？

A.认同

B.不怎么认同，或者不太清楚

16.你渴望通过自己的努力，在目前就职企业获得更高的职位吗？

A.当然渴望

B.无所谓，或者压根就没想过

17.在公司的人际关系中，你是否具有一定的影响力？

A.是的，具有极强的号召能力

B.没有丝毫影响力，或者自己也不太清楚

18.在面对客户或合作伙伴时，你是否会认为自己的办事风格就代表着自己企业的形象？

A.是的，所以一直都很注意

B.完全没有，或者不一定

19.你会抽空跟自己的上级或下级谈心，及时了解他们的想法吗？

A.会，希望掌握他们的心理状态，来更好地展开工作

B.不会，或者压根就没考虑过这个问题

20.在你的心目中，是否已将自己的命运和企业的命运联系在了一起？

A.是的，所以工作时充满了力量

B.公司是公司，自己是自己，分得很清楚

以上答案，选A选项得1分，选B选项得0分。请算好自己的分数，按照下面给出的答案与解释，看看你究竟有没有一个明确

的职业目标，然后再根据提示去操作。

14—20分：恭喜你，你是非常有主见的职场中人。

你是一个有明确职业目标的人，在你看来，工作绝对不是单纯地为了赚钱，而是自己的事业，因此，你会为了自己的目标而努力地奋斗。生活中，你对工作充满了热情，凡事都会积极主动地去完成，这会让你获得更多的机遇。

7—13分：虽然你有职业目标，但是时间稍稍短了点。

通常你的职业目标都是短期的，因为你常常会被眼前的利益所迷惑，以致只能考虑到自己未来的3年到5年。对此，你首先需要开阔自己的眼界，然后再制定一个更长远的职业目标，从而为自己指明人生的方向，获得前进的动力。

0—6分：非常遗憾，你是一个没有职业目标的人。

对于你来说，工作不过是为了每月都能按时领到工资，你从没有把工作当成自己的事业，它只是你养家糊口的一种手段罢了。也正因如此，你每天都在混日子，对工作没有丝毫的热情，更缺乏必要的主动意识，一旦公司出现什么变动，你很可能就会面对离职的危险。对此，你需要立刻开始行动，制定一份适合自己的职业目标，详细规划一下自己的未来，否则今后很难在事业上获得成功。

第七章

制订计划，让深度拖延者破茧成蝶

10/90法则：工作前10%的时间要用来制订计划

美国社会心理学家费斯汀格曾提出过这样的理论：**生活中10%的事情发生，往往会影响到剩下的90%**。这便是著名的10/90法则。换言之，**只要我们做好前面那10%的事情，就能够牢牢掌控后面的90%**。然而，有些人却并不知道该法则的妙用，稀里糊涂地便错过了最佳时机，以致整天都有做不完的事，不仅原本的计划得不到实施，还加重了自己的拖延症。

李旋已在公司工作多年，通过不懈的努力和奋斗，他赢得了上级领导的赏识，被提升为人事部门的主管。上任以后，他才感受到普通员工与部门主管之间的差别：普通员工只需负责自己的一亩三分地，而部门主管却要管理好所有与公司人事相关的事宜。缺乏经验的他总有做不完的事。

每天看着自己堆积如山的办公桌，以及那些得不到实施的工作计划，李旋觉得快要崩溃了。为了改变这个局面，他决定向公司另一位十分成功的管理者请教。这天一大早，他便来到了这位管理者的办公室，简单说明了自己的来意，对方听后并没有多说什么，而是友好地邀请他待在自己的办公室里。

随后这位管理者便开始了工作。只见他首先翻开自己的记事本，并写下了下面的文字：

9点钟，整理相关的业务资料；

9点半钟，与张总洽谈合作事宜；

11点钟，考察员工对新制度的适应状况；

11点半钟，接受外埠员工的财务汇总表；

下午2点钟，召集部门工作人员开会；

……

随后，这位管理者开始按部就班地执行工作。其间也有员工临时反映一些问题，管理者听完后便拿起电话一个一个地安排下属去进行处理。对于那些需要自己亲自解决的事务，他利用工作的间隙进行了处理。就这样，李旋在这位管理者的办公室里静静坐了一整天，了解对方是如何工作后，便回来了。

李旋回来后的第一件事，便是准备了一个记事本，将每天的计划和工作都认真地填写好，并设定了时间期限。不久，他办公桌上的文件就渐渐消失了。

从李旋的案例中，我们不难看出计划的重要性，而更重要的是制订计划的时间，唯有在开始工作前制订计划，才便于我们更好地去实施。所以，我们一定要选对时间，先用工作前10%的时间来制订计划，然后再按照计划一步一步地去执行，这样既能避免我们因选择做什么而拖延，又能有效提高自己的工作效率。

然而，制订计划并不是一件简单的事情，我们需要积累一定的工作经验，才能合理地对工作进行统筹和安排，否则一旦某个环节出现了问题，就会打乱我们全盘的计划。因此，我们必须学会尝试和总结，从而摸索出一套适合自己的工作计划。接下来，大家可以从以下五个方面来考虑，如何制订一套完善的工作计划。

1.制订的计划要详尽、实际

工作计划不但要详尽、具体，更要符合自己的实际能力，否则就算制订得再完善，我们也不可能完成它。例如，我们想通过英语四级考试，那不妨制订一份这样的学习计划：每周一、周三、周五下班后听半个小时的英语听力，每周二、周四下班后学习英语语法，周六、周日两天可以上培训课，也可以自己在家努力自学等。这样一来，我们不但能轻松完成自己的计划，还能让自己每个星期都有所进步。

2.确定开始和完成的期限

对拖延症患者来说，仅仅制订出计划还远远不够，我们还要确定每件事开始和完成的期限，否则自己随便找一个借口，就会让这份计划搁浅。对此，我们一定要先对自己的完成能力进行评估，如我们要按计划整理好自己的办公桌，那么，我们首先就要想一想自己以前完成这件事需要多少时间，如果是半个小时到一个小时之间，我们就可以将时间设置在45分钟以内，再来确定起止时间。

3.抽出一点点时间来验收成果

很多时候，完成计划都需要一个长期的过程，倘若我们一味地埋头苦干，而不去验收成果的话，很可能会出现一个环节出错毁掉全盘的情况。所以，当计划执行了一段时间后，我们就应回过头来进行检查，可以每天拿出一点点时间来检查前一天的执行成果，或每个星期拿出一点点时间来检查上个星期的成果等。

4.为特殊事件预留特殊的时间

有时，我们制订的计划中会有一些特殊事件，如完成某个广告创意、创作一幅关于某个题材的画等，这些事情通常需要捕捉灵感，而灵感又是虚无缥缈的东西，并非努力就可以获得的。对此，我们要做的就是为特殊事件预留特殊的时间，比如完成广告创意我们需要留出三天或一个星期等。

5.制订问题的解决方案

要知道，任何事情都不可能一帆风顺，即便我们制订了计划，也不能保证执行时就不会出现差错。我们无法杜绝差错的发生，却可以在制订计划之时，针对那些可能会出现的问题，制订相关的解决方案，这样至少当问题真的出现时，我们不至于手忙脚乱，不知所措，而可以从容地去应对。

每日计划：更高效、更专注，杜绝拖延

有些人总是抱怨每天需要完成的工作任务太多，却很少去思考提高效率的方法。要知道，一套行之有效的工作方法，往往可以提升两三倍的工作速度，届时，我们又何惧自己完不成任务呢。只不过，要想做到这一点，我们就得给自己制订一份**每日计划**，即**合理安排自己每天的所有工作**，从而**让自己更高效、更专注地完成任务**，杜绝拖延症发作。

倘若不制订每日计划，我们会遇到什么状况呢？下面这个故事会给出答案。

莹莹是某公司的一名行政人员，刚入职不久的她，每天除了要完成向上级汇报工作、安排会议时间等本职工作，还要处理很多的琐事，如跟大客户保持联系、布置会议现场、复印会议所需要的文件等。这是她的第一份工作，她没什么经验，每天不是落了这个，就是忘了那个，以致拖延了工作，经常挨上司批评。

这天，原本就忙得焦头烂额的莹莹接到了几个比较棘手的活，看着自己手头上的这些工作，她一脸蒙圈，完全不知道该从哪儿下手才好！无奈之下，她只能看见什么就做什么，待所有事情都做完后，她才发现自己将时间都花在了一些小事上，完全忘了上司交代的要事——今天下班前要开个紧急会议。一想到这件事被她拖了那么久，吓得她出了一身冷汗。她赶紧看了一眼时间，据会议开始只剩十几分钟了！

这可吓坏了莹莹，要知道，她平时虽完不成工作，可那都是些不打紧的活，今天这可是件大事，如果没弄好，没准上司会让她卷铺盖走人！她不敢再继续往下想，立刻紧急通知各部门前来开会，接着她又赶紧去布置会场，可她再怎么努力，也不可能立刻变出会议的流程和相关资料来。幸好上司早已准备了会议的PPT，才勉强开完了这次的会议。事后，上司狠批了她一顿，让她每天制订工作计划！

你是否也有过和莹莹类似的经历呢？如果有的话，那便要考虑制订一份每日计划了，否则，你可能也会像她一样，每天不是落了这件事，就是忘了那件事。相对于每周、每月的长远计划，这种每日的计划往往更有利于拖延者去执行。然而，每天面对各种各样的工作，难免会出现一些纰漏，但这不是我们犯错的借口，也许偶尔一两次别人还能容忍，可次数多了，谁都接受不了。

所以，我们要像案例中的上司建议的那样，每天都制订一份工作计划，即每日计划。这份计划能帮助我们掌握一天的工作节奏，让我们清楚地知道自己应该先做什么、后做什么，以及做完某项工作后，接下来又该去干什么。这样一来，我们才能有条不紊地把工作做好，避免因忙中出乱而拖延了要事。

看到这里，有人或许会问：怎样才能制订高效的每日计划呢？

1.收集所有工作

每天开始工作前，要先统计当天的所有工作，无论事大事小、重不重要，也不管有没有完成，都事无巨细地一一罗列下来，然后或登记在电子表格中，或记录在手写的表格上。注意，表格不用太复杂，也不必追求格式美观，只要自己能看明白就行，因为制作表格是为了节省时间，若太复杂就必然会浪费时间。

2.整理工作清单

记录好所有工作后，接下来要做的就是分类整理了。首先根据工作的难易度将其分类；然后把琐碎的、相同性质的工作划分在一起；再对不能立刻完成的工作进行合理规划，安排好完成的时间；最后重点标记那些能轻松搞定的活，以提醒自己及时完成。这样一来，要做什么便一目了然。

3.管理工作清单

工作计划弄好了，是否要正式工作了呢？这时，千万别急着先干活，你得看看哪些必须自己亲自动手，哪些能交给别人来做，只有弄清楚了这些，你才能更高效地完成工作。这一点对管理者而言尤为重要，你们大可不必事必躬亲，该给下属做的就派给他们去做，要确保将自己的时间和精力用在管理和决策上，否则会因小失大。

4.行动前的思考

现在，也许有人觉得已经万事俱备，只欠行动了。其实不然，你得根据自身的条件和当前的实际情况，来决定哪些工作必须先做、哪些可以后做以及哪些能再往后排一排，然后再根据这个顺序逐一开始执行。在排列顺序时，你还要考虑哪些工作的完成时间能缩短、哪些工作是在浪费时间，可以直接取消等。唯有做好了这些，才能确保你的工作时间是最短的。

6P原则：尽可能提升行动的回报率

所谓"6P"，具体是指产品、价格、渠道、推广、政治力量与公共关系，而"6P原则"主要是强调人对环境的能动性。换言之，即环境对人产生的影响。

在实施计划时，有些人虽然每天都在执行，但收到的效果却微乎其微，这是怎么回事呢？因为他们行动的回报率过于低下，以致几乎是在做无用功。要想改变这一现状，我们不妨借鉴市场营销的**6P原则，充分利用外部的环境因素，来调动自己做事的积极性和能动性，尽可能地去提升行动的回报率。**

马航是一名年轻的网络作家，他每天的工作便是在网站上发布自己所写的连载小说。他的办公地点就在自己家里。他原本以为，在熟悉的环境中更易获得创作灵感，谁曾想，正是这自由的环境害得他一事无成。

刚开始时，对写作事业充满热忱的马航相信自己的题材够新颖，也够吸引人，于是每天都能安静地创作，他思路清晰，灵感如泉涌，没几天就能更新出一个章节。然而，由于是新作家，在网络上的知名度不够，马航的小说阅读率并不高，这样的结果对他造成了一定的打击，但他依然笔耕不辍。

为了弥补自己受伤的心，马航给自己的电脑安装了一款运动游戏，一来可以适当地放松一下，二来能让久坐的身体得到运动，真可谓一举两得。然而，自那以后，每当他思路卡壳时，便会从工作模式切换到娱乐模式，玩起那款新安装的运动游戏，久而久之，他竟把这当成了一种习惯。

一段时间后，马航觉得是网站的人数太少，才会令自己的小说乏人问津。于是，他将自己写到一半的小说，每天定时发布在另一家阅读网站上，而在这段时间里，他则过着惬意的生活，每天不是写作、玩游戏，就是吃饭、睡觉。这次，由于每天的更新都很准时，点阅与评论的人比之前多了一些，他非常开心。

可好景不长，转眼间旧的章节就发完了，不少读者开始问马航什么时候上传新的。对于这个问题，连他自己都不知道答案。一边创作一边玩乐的他，由于不够专心，小说进展极慢。无奈之下，他选择了放弃。

你是否也替马航感到惋惜？的确，如果他没有安装那款新的运动游戏，如果他不在那么自由的环境下进行创作，如果他能让自己不受环境因素的影响，也许在不久的将来，他就可以成为知名的网络作家。可现实生活中哪有那么多的"如果"，有的只是工作效率和最终成果。所以，一旦我们因拖延而降低了自己行动的回报率，便已经注定了失败的结局。

据调查显示，大部分人在工作时都会受到环境的影响。若将一个人放在嘈杂的环境中，他做事时行动常常会变得迟缓，从而降低行动的回报率。很显然，行动迟缓也是一种拖延，要想战胜这种拖延，我们就要对工作环境进行调整，以防止被那些不必要的事物分了心。

对此，我们不妨从日常工作的办公环境入手，从以下几个方面来进行合理的安排。

1.办公桌

提及办公环境，很多人首先想到的便是办公桌，因为它是与我们朝夕相伴的好伙伴。对于它的整理，应该遵循干净、整洁的基本原则，如桌上只摆放当天需要用到或需要临时处理的文件；办公用品要放置在相应的位置上，以便于我们拿取和放回；在有条件的情况下，将水杯或茶具放到会客室里，尽量不占用办公的空间……

2.书架

一般情况下，书架应该靠着墙壁摆放，这样既能节省空间，又兼顾了安全性。此外，与工作相关的书籍、资料以及休闲时翻看的报刊等，可以按照一定的顺序放入书架中，如可以按照它们的大小、多少来分类，也可以按照不同的性质来分类，更可以按照英文字母的顺序依次排放……总之，自己喜欢就好。

3.办公电话

虽然手机已经成了人们互通信息的主宰，但在很多公司内部依然保留着用固定电话沟通的习惯。所以，对于办公用的电话，我们也要做些适当的整理。通常，电话应该放置在专用的桌子上，若没有这种专用桌，可以将它放在较为显眼的位置，以便我们能随时接打电话。

4.地面和地毯

办公室的地面一定要保持清洁，窗户也要经常打开透气，否则势必会造成室内空气混浊、不流通，从而给我们带来不舒服的感觉。

5.装饰品

办公室的装饰应该主要以简洁、大方为主。例如，我们可以在墙上贴一张地图，或悬挂几张与公司相关的图片等。对于较为宽敞的办公空间，我们还可以放置几盆好养活的花或绿植等，但需要注意的是，要选择那些颜色淡雅、气味不会过于浓烈的花，以免被它分散注意力。

要事第一：关键的少数，有用的多数

很多时候，人们总会在习惯的影响下，将紧急事务安排在重要事务的前面，殊不知，这种做法是被动工作，而非主动工作。提高效率的精髓在于：**要有主次之分，设定优先顺序。即对工作进行分级和分类别，先做最重要的事，再做次要的事，以此类推**。要知道，优先保证重要工作的顺利完成，就等于抓住了工作的重点和关键，从整体上掌控了自己的工作完成时间。

这天，伯利恒钢铁公司总裁查理斯·舒瓦普亲自拜会了效率专家艾维·利。两人见面后，查理斯简单说明了自己的来意，艾维听完笑着回答："小事一桩。"同时告诉对方自己完全有能力帮他将公司管理得更好。

艾维表示，自己可以在10分钟内将一件能使钢铁公司业绩提高至少50%的东西交给查理斯。紧接着，他递给了查理斯一张白纸，说道："现在，请你用笔在这张纸上，按照重要性依次写下明天要做的六件大事。"

大约一刻钟后，查理斯写完了。他将那张纸递给艾维，艾维却看都没看一眼，直接说道："现在你要做的，就是把这张纸放进口袋直到明天早上，而明天你要做的第一件事情就是把这张纸拿出来，根据上面所写的，只做第一件事，做完后再做第二件事、第三件事……直到你下班为止。即使你可能一整天只做完了第一件事情也不要紧。因为你已经完成了最重要的事情。"

大概一个月后，查理斯便给艾维寄去了一封信，同时还寄去了一张25万美元的支票。他在信中提及，与艾维的那次会谈，是自己人生中最有价值的一课。

又过了5年的时间，伯利恒钢铁公司，一跃成为世界上最大的独立钢铁厂，由于艾维的帮助，查理斯赚了整整1亿美元。

这个案例你是否觉得有些眼熟呢？没错，生活中类似的故事比比皆是，它们都在告诉我们一个真理：要事第一。可我们在做事时，却经常会忽视这一点，不是将急迫的事情放在前面去做，而是先选择那些简单的任务下手，结果一整天下来，反而是最重要的工作没有完成，无奈之下，只好将它塞进了明天的工作表。

要知道，工作不是一次性的百米冲刺，而是一场持久的马拉松比赛，我们每天都有诸多的工作需要完成，若经常这样今天放一件到明天，明天又加几件到后天，那要等到何年何月才能完成计划呢？所以，我们应当学会要事第一，先牢牢抓住重要的少数工作，再依次去处理有用的大多数工作。

那么，在现实生活中，我们应该如何分清工作的主次，又该如何设定先后顺序呢？对此，我们大可以借鉴以下三个判断标准。

1.知道自己必须做什么

很多时候，那些重要的工作往往就是自己必须要做的事情，所以，我们不妨直接从这些工作中来分主次、排顺序。对此，我们可以从两个方面来分析，一是自己必须要做的事情，二是并非必须由我们亲自去做的事情。换言之，即对于必须自己亲自去完成的工作，我们要选择第一时间去执行，而对于必须要完成，但不必亲自去做的事情，我们则可以委派其他人去做，自己只需随时督促即可。

2.清楚什么能带来最高回报

所谓"能带来最高回报的事情"，即符合目标的要求，或自己做起来会比别人效率更高的事情。对于这类能带来高回报的工作，我们应当投入自己的大部分时间和精力，其他的事情则可以往后放一放，待我们先完成高回报的任务后，再去处理那些回报率较低的工作。这样，我们才能确保时间都花在了最值得的地方。

3.明白什么能给予你最大的满足感

有时，能带来最高回报的事情并不能给自己带来最大的满足感。对此，我们就要想办法稍作调节，使两者能够达到某种平衡，否则，如果我们的内心长期得不到满足，便会产生各种负面情绪，拉低我们的工作效率。至于具体的方法，那便因人而异了，因为每个人内心的需求都不一样，有些人渴望获得上级的认可，有些人则觉得升职加薪最实际等。总之，就是要找到回报和满足感的平衡点。

相信根据以上三个标准进行筛选之后，事情的轻重缓急便已经一目了然，接下来我们就只需要根据重要性进行排序，并坚持按照这个原则去做即可。一段时间后，我们将会发现自己的时间充裕了，工作效率也提升了。

一分钟效应：快速削减你的待办任务

生活中，经常会出现这种现象：在相同的时间和同样的环境下，有些人很快就搞定了工作，而有些人虽忙忙碌碌，却怎么也干不完活。这是为什么？因为**后者纠缠于事物复杂的表象，把时间都浪费在了毫无价值的任务上**！对此，我们不妨利用**一分钟效应，**

快速削减计划中的待办任务，将时间都用在有价值的事情上。对我们来说，也许一分钟的时间并不多，但有些人能一分钟之内做很多事。

有位年轻人经常拖延自己的计划，他想改掉这个缺点，于是他在朋友的指点下，联系上了著名的班杰明·D.教授，希望对方能给自己一些建议。得到班杰明的同意后，他迫不及待地去拜访对方。由于来得太早，对方还没有准备好，好奇心促使着他偷偷地向室内看了一眼。谁曾想，透过那扇半开的房门，年轻人看见了一幅令人意想不到的景象，那就是班杰明的房间里乱七八糟的，地上一片狼藉。

年轻人本想开口说点什么，以缓解此时的尴尬，可还没等他说出来，班杰明就坦然地说道："你看，我这房间暂时没法招待你，请给我一分钟的时间，我稍稍整理一下，再请你进来。"说完，班杰明便轻轻关上了自己的房门。

一分钟后，班杰明再次打开了房门，并热情地邀请年轻人进去。神奇的是之前那脏乱的场景不见了，取而代之的是一片整洁，房间里的东西都井然有序地排列在一起。不仅如此，客厅的茶几上还摆放着两杯红酒，以及一些可口的小点心，整个客厅也弥漫着一种淡淡的香水味，令人心旷神怡。

年轻人稍稍恢复心神后，便准备向班杰明询问一些高效完成任务的方法，可还没等他开口，对方就客气地说道："来，咱们干了这一杯，你就离开吧。"

年轻人一听这话，顿时愣住了，说："可我……我还没请教您呢？"

"这些难道还不够吗？"班杰明笑着扫视房间，说："又过了一分钟。"

"一分钟……一分钟……"年轻人若有所思，随后突然说道："我懂了，您让我明白了一分钟的时间可以做许多事情，可以改变许多事情的深刻道理。"

班杰明舒心地笑了。年轻人一口喝光红酒后，便连连道谢，开心地走了。

没错，这就是关于一分钟效应的经典案例，一分钟的时间可以做许多事情，也可以改变许多事情。

在执行计划的过程中，不少人都像案例中的年轻人那般，由于找不到做事的方法，抓不住事情的重心，才形成了拖延的恶习。很显然，他们并非有意拖延，而是不懂得精简自己的计划，以致事情越做越多、越做越混乱，哪件事出现了问题就赶紧去处理，结果一件事都没完成。

所以，在执行计划时，我们切不可一味地埋头苦干，而应当在开始行动前，对计划进行一次科学的"瘦身"，削减掉那些多余、重复、不合理的事项，唯有如此，我们才能避免浪费不必要的时间，从而保质保量地快速完成计划。具体而言，我们可以从以下几个方面入手，有针对性地来对自己的计划进行"瘦身"。

1.去除缺少价值的任务

对我们来说，那些执行完成后却没创造出预期价值的任务，显然就是一种多余的存在，若继续按照计划去执行，不但会降低我们的效率，还会白白浪费我们的资源。所以，对于这类缺少价值的待办任务，我们大可以干净利落地剔除，将自己有限的时间和精力投入其他的任务中，以缩短整个计划的完成时间。

2.合并相同或相似的任务

所谓"合并"，是指将两个或两个以上的任务合并成一个，它的作用不仅仅是化整为零，更能叠加计划的优势，消除计划的劣势。对此，可从下面两点入手。

第一，合并重复环节。

通常，为了确保计划的完成质量，我们会把一项任务分解成多个环节，但这极易造成重复。若想避免这种情况的发生，我们可在执行时，对这些地方进行重点审查，合并前后两项任务连接处的重复环节，从而提高效率。

第二，整合复杂流程。

现在不少企业为了整合复杂的流程，早已开始用信息技术来代替人工，对此，我们也可以有样学样。例如，计划中那些有关采集数据的任务，我们就可以交给计算机来处理，这不但能降低人为的差错率，还可以有效避免数据的重复录入，以及因数据不匹配而造成的麻烦等。

3.对不合理的安排重新排序

除以上两种情况外，计划中那些不合理的安排亦会浪费大量时间。对此，我们唯有厘清每项任务的逻辑顺序，才能对不合理的环节重新排序。要知道，有些计划也许只有几项任务，但有些计划可能有十几项或几十项任务，这时，若其中掺杂着些排序不当或不合逻辑的安排，便会导致工作秩序混乱，大大增加工作的时长。所以，我们在执行计划前，一定要对其中的各项任务进行有效排序，确保安排得当。

Time-Based原则：任务必须具有明确的截止期限

在制订计划后，有些人并不急于去执行，而是习惯性地去做一些准备工作，待他们觉得万事俱备了，才会静下心来开始干活。不可否认，有些任务的确需要做好准备工作，可过多地将时间和精力放在准备上却迟迟不肯行动，便有点本末倒置，无形中拖延了完成计划的时间。对此，我们**一定要设置明确的截止期限，并要求自己按时完成，否则就要受到相应的惩罚。这样才能产生紧张感，让我们不敢轻易地拖延。**

曼妮已经在公司工作多年，虽然没能功成名就，但也算得上是前途无忧了。原本她的小日子过得很舒适，顶头上司对她十分器重，可天有不测风云，这位顶头上司升迁了，去了另外一个部门，新来的上司什么都好，就是没什么时间概念。起初，她觉得这不是什么大毛病，只要自己努力工作，照样能获得新领导的青睐。谁知，事情远没有她想象的那么简单，甚至可以说是难于上青天。

到底是怎么一回事呢？原来，曼妮是个拖延症患者，以前那个领导的时间观念很强，只要有任务下来，他总会给每个人设定完成的时间，为了能通过公司的绩效考核，曼妮想尽办法来抑制自己的拖延症。可现在的这位上司不会给每个人设定任务完成时间，一切都要靠自己来把握，于是，曼妮的老毛病又犯了。

这还不是最可怕的，最可怕的是这位新领导说话也"含糊其辞"。比如，他最常说的一句话是："尽快把这事给办了！"天晓得"尽快"是什么时候，今天、明天，还是下个星期？再如，他的口头禅是"待会儿……"，谁知道这是什么时候，是过三分钟、五分钟，还是等手头上的活干完了再说？面对这样一个上司，作为每天为他服务的秘书，曼妮真是想死的心都有！

就这样，曼妮在工作上的表现越来越差，上司对她也越来越不满。

也许，对于一个自控能力强的人来说，有没有时间的限制，他都是一样地完成工作，可对像曼妮这样的拖延症患者而言，明确的时间期限就是一剂良药，能有效抑制病情的蔓延。事实上，无论需要完成的任务有多简单，也不管计划被分解得有多细致，若我们不给那些任务定个合理的完成期限，势必会降低效率。

可见，给每一项任务都设个期限，是非常有必要的！这不但能让我们有一个明确的时间概念，从而督促自己在规定的时间内完成任务，而且有助于我们培养良好的工作习惯，学会管理自己的时间。只不过，有时即便是定了期限，有些人也会习惯性地拖延，最后一看时间来不及了，于是草草地结束任务，结果漏洞百出，严重的还要返工重做。对此，我们不妨参考以下几点建议。

1.准备得越充分，就能越快完成

对于任务，往往准备得越充分，就能越快完成。所以，在执行前，我们不妨先做好充足的准备，如将工作按轻重缓急的顺序列在工作清单上，或者标明每项任务所需要的资料和工具等。具体而言，我们可以在任务上贴个便利贴，以提醒自己要注意些什么；或给每项任务都定个期限，并将具体的日期贴在日程表上，以督促自己。

2.先难后易，才能越做越顺手

很多人在执行目标任务时，都会习惯性地先易后难，因为他们觉得这样节约时间。的确，有些时候先易后难确实能提高效率，可计划不同于其他事情，通常它都是有时间限制的，越到后面时间只会越紧，拿来"啃硬骨头"根本就不够用。所以，在制定任务清单时，我们应当把最棘手的任务标注出来，先给它们留出足够的时间，其他的再一个一个地去攻克，这样才能越做越顺手！

3.要想效率高，就得保持快节奏

有些人在执行任务时，一直都保持着快节奏，所以时间非常充足，结果在临近结尾时放慢了脚步，工作效率就会越来越低。为了避免出现这种现象，我们要学会从头到尾始终都保持快节奏，直接一口气完成任务，既不可以中途跑去休息，也不能转身换下一个任务，这样才有可能用最短的时间去完成最多的任务。

其实，每换一次工作节奏，就等于要重新调整自己，效率不低才怪！

打破"虚假急要"：破除越忙越拖延的忙碌谬论

但凡细心的人都不难发现这样一种现象：在每天的上班时间里，我们除了工作，还要喝咖啡、跟人闲聊、玩手机或浏览网页、整理办公桌或办公室……没错，我们每天有大约三分之一的时间，都在忙一些无关紧要的琐事，以致自己越忙越慌乱，越慌乱便越拖延。

要想破除这种越忙越拖延的忙碌谬论，我们就要学会打破"虚假紧急"，即不要被那些表面看起来紧急、重要的事情蒙蔽，而延误了真正需要解决的事。

你若不知道具体应该怎么做，不妨向下面这个案例中的兰兰来学习。

兰兰考上了自己理想的大学，可让她感到诧异的是，大学的第一堂课，教授讲的居然不是专业知识，而是与专业完全无关的效率。课堂上，教授向大家反复强调要看清楚事物的本质，千万不能被其表面所蒙蔽。他的目的很明确，那便是希望他们能将时间都用在对的事情上。

面对如此"另类"的教授，兰兰的内心触动很大，她当即决定要做好时间的主人。于是，她买来一个笔记本，做了本独一无二、专属于自己的日历。首先，她把所有事逐一填入日历中，然后再按照时间的先后顺序、事情的轻重缓急，用不同颜色的笔标注出来，以便所有事一目了然。

每做完一件事，兰兰就会在日历上用"×"划掉该事件。随着时间的推移，她的日历本上已密密麻麻地画满了"×"，看着上面越来越少的内容，兰兰的满足感越来越强。为什么呢？因为在那一个个"×"的背后是她满满的收获，有知识也有技能，但更重要的是，这能让她真切感受到大学的欢乐时光。

在大学的这段时光，兰兰从不将时间浪费在无谓的事情上，因为她知道，每一分、每一秒都非常宝贵，只有去做那些对的事情，才能让时间更有价值！当然，她也因此每天都像只陀螺般高速地运转，但她转出了自己的精彩生活。她很享受这种忙碌的感觉，不但每年都修满了学分，而且参加了大量的课外活动，建立了丰富的社交圈子，这让喜欢结交朋友的她觉得十分满意！

从兰兰的经历中不难看出，她虽然每天非常忙碌，却全都忙在了点上，在她身上，看不到越忙越拖延的"忙碌谬论"，相反，我们看见的只有行动严谨、做事高效。这是为什么呢？因为她非常清楚自己想要的是什么，所以她分得清什么事是真的紧急，什么事是真的重要，从而打破了"虚假急要"。

对于患有拖延症的人来说，在执行计划时，他们的内心往往是迷茫并且盲目的，在他们看来，一切与计划相关的事情都是自己需要完成的重要任务，于是，他们不自觉地将查找资料、翻看档案等琐事也统统划入了"急要事项"之列，从而降低了自己做事的效率。其实，即便不是拖延症患者，有些人也分不清楚真正的"急要事件"。话不多说，接下来咱们就一起来探讨应对的措施。

1.紧急不等于重要

有些人认为，紧急的事就等于重要的事，殊不知，这种认知大错特错。例如，工作时有个着急的电话要接，但这电话里讲的事却

并不重要。对此，我们一定要分清事情的轻重缓急，至于究竟应该先做哪件事，则要看紧急事件的紧急程度和重要事件在自己心目中的分量了。若既是急事又是要事，那肯定要放在第一位了。

2.急要事件不宜设置过多

很多时候，全是重点就相当于没有重点，因为每个人的时间和精力都非常有限，不可能有足够的心力去处理所有事。我们若过多地设置急要事件，只会让自己觉得手头的工作杂乱无章，没有任何的头绪。对此，我们就需要分清事务的轻重缓急，熟练地洞悉事物的本质，将那些并不紧急或重要的事情都剔除出去。

3.学会划分急要事项

通常，我们之所以分不清工作中的急要事件，主要有以下两个方面的原因。

一是不知道划分的原则。当一堆事务摆在面前时，我们往往很难厘清它们之间的关系，更不懂得其中的利与弊，以致分不出哪些重要，哪些不重要。

二是功利心理在作怪。在安排工作时，我们的功利心理常会跑出来捣乱，让自己将那些原本不重要却能获得小利的事放在前面，从而打乱了计划。

只要我们克服了以上阻碍，就能学会划分急要的事项，提高自己的效率。

? 小测试：你是否能够专注于自己的计划

通常，一个缺乏专注力的人往往会在工作时心浮气躁，难以集中全部的注意力，这会导致效率低下，浪费不必要的时间。那么，你的专注力如何？通过下面这个有趣的小测试，你或许能找到答案。

请根据自己在日常生活中的习惯性做法，选择最符合的选项。

1.在与他人交谈时，你是否会经常心不在焉？

A.是　　　　　　　B.不是

2.在工作或学习时，你是否总会不自觉地想到另一件事情？

A.是　　　　　　　B.不是

3.你是否会对自己担心的事念念不忘，无论做什么都会想起它？

A.是　　　　　　　B.不是

4.当你工作或学习时，是否经常会浮想联翩，而且你所想的那些事情跟自己的工作和学习毫无关联？

A.是　　　　　　　B.不是

5.在面对工作和学习时，你是否会嫌弃时间过得太慢，总想着尽快结束？

A.是　　　　　　　B.不是

6.在你的脑海里，是否会经常浮现出自己被别人指责时的情景？

A.是　　　　　　　B.不是

7.有时，你是否会一整天都在忙这忙那，到头来还是碌碌无为？

A.是　　　　　　B.不是

8.你的脑海里是否有很多想做的事情，以致无法专心于某一件事？

A.是　　　　　　B.不是

9.是否只要开会的时间一长，你就会不断地打呵欠？

A.是　　　　　　B.不是

10.在跟他人交谈时，你是否会偶尔出现跑题的情况？

A.是　　　　　　B.不是

11.在等人时，你是否经常会觉得时间长得有点难熬？

A.是　　　　　　B.不是

12.你是否需要阅读好几遍，才能勉强记住书籍、资料或文件上的内容？

A.是　　　　　　B.不是

13.你是否无法持续阅读两个小时以上？

A.是　　　　　　B.不是

14.当你在某件事上耗费大量的时间后，是否就会急躁地希望早点结束？

A.是　　　　　　B.不是

15.当你在工作或学习时，是否能清楚地听见自己周围的说话声？

A.是　　　　　　B.不是

以上答案，如果肯定的答案占多数，那表示你的专注力很差；

如果否定的答案占多数，那说明你是个非常专注的人；如果肯定与否定的答案各占一半，那说明你的专注力一般。

肯定占多数：小心，你可能会与成功失之交臂。

你的专注力明显不足，而造成这种现象的主要原因是你的内心太过浮躁，缺乏自控力。很多时候，你的精力都会被外界分散，由于无法集中注意力，你做事常常三心二意，不是这里出了错，便是那里有漏洞。对此，你需要通过反复的训练来调整心态，让自己能够静下心来，踏踏实实地做事。

各占一半：你的专注力虽不太理想，但并没有那么差。

你的专注力一般，因为你做事总是缺乏持久性，虽然偶尔也会专心地执行一些计划，可一旦遭遇阻碍就会退缩，以致你的很多工作都不了了之。这显然非常不利于你事业的发展，所以，趁着现在情况还不是那么严重，赶紧提升自己的专注力，从而提高做事的效率，让自己更好地去完成计划。

肯定占多数：恭喜你，你的专注力已经超过了大多数的人。

你的专注力非常强，这说明你拥有良好的自控力和强大的忍耐力。对你而言，只要是自己想完成的事情，便会不遗余力地去做，并且会全身心地投入其中，因此你更容易成功。

第八章

高效执行，在行动中赶走拖延的"小偷"

PDCA循环法：建立毫不拖延的高效行动闭环

有些人天真地以为，只要自己执行计划，便能根治拖延的恶习。殊不知，**执行不过是走出了第一步，接下来能否高效地去完成才是关键**，倘若我们只是一味地"磨洋工"，又如何治愈自己的拖延症呢！要想在行动中赶走拖延，我们不妨**借鉴管理学中的PDCA循环法，使自己时刻如陀螺般高速运转**。

很显然，下面这个案例中的企业高管，压根就不明白高效的重要性。

张闻是一家电子产品企业的高管，主要负责整个华南地区的销售，他手下有几个营销主管和一大批终端销售代表，在他不懈地努力下，他所负责的区域，几乎每年都能顺利地完成销售目标。

在2019年，该区的年销售额有近1000万元，鉴于他创造了如此卓越的成绩，老总增加了2020年的任务，那便是在去年的基础上再增加50%。然而，目前的市场已接近饱和，要完成新的任务，简直比登天还要难。

更不幸的是，公司调整了费用的额度，导致各项促销费用大幅度减少：之前按区域销售额2%的促销费降为1%，并且该额度还要和上个月区域销售完成率直接挂钩。因为市场的变化，张闻所带的团队每月完成率几乎都没有超过20%，所以他们的促销费用也越来越少。

多年以来，张闻都习惯以大量的促销活动来拉动市场，现在这杯水车薪的费用让他顿时感到无所适从。面对业绩的重重压力，他选择了逃避现实，开始拖延下属提交上来的各种问题，只有在下属们催得紧时，他才会思考一些对策，比如去老总那"磨"一些资源等。其他的时间，他则躲在办公室里怨天尤人。转眼间，半年的时间过去了，由于没有完成销售额，他受到了降职的处分。

很显然，张闻并不是一个称职的领导，虽然有时在下属的逼迫下，他想出了一些解决困难的方法，也去老总那"磨"到了新的资源，可他的行动效率实在太低，压根就无法解决最根本的问题。在现实生活中，面对难以完成的艰巨任务，不少人都会像张闻那样选择逃避和拖延，以致工作效率低下。若想避免出现这种情况，我们就要建立一套高效的行动闭环，让自己保持持续的动力，从而摆脱拖延。

关于建立高效行动闭环，美国的质量管理专家休哈特博士提出了PDCA循环法。在他看来，要想提高做事的效率，就必须先将完成目标任务分为四个阶段：计划、执行、检查、处理。也就是说，先按照计划去实施各项工作，然后检查执行的效果，最后对成果进行处理。我们不妨一起看看具体的说明。

1. "P"（Plan）——计划

计划的重要性不言而喻，对于任何人来说，如果做事没有计划性，势必会让自己处于被动的地位，无法掌控大局，以致在完成任务的过程中错漏百出。具体来说，计划可以分为短期的日计划、周计划、月计划，以及中长期的职业生涯规划。对于计划的制订，这里就不再赘述，因为上一章已经分析得很清楚了。

2. "D"（Do）——执行

在执行计划的过程中，最难的并不是迈出第一步，而是如何做到持之以恒。要知道，完成计划是一个长期的过程，若我们不能够坚持到最后，那么之前所有的努力便都白费了。为此，我们要采取一些行之有效的措施来提高自己的执行效率。具体的方法如下。

一是提高执行力。对此，我们要由内而外地进行修炼，如学习提升执行力的方法，认真做好每件事，养成雷厉风行的工作作风。

二是执行中时刻警惕。要想提高执行力，做到立刻行动只是要求之一，即便是在执行的过程中，我们也要时刻保持警惕，想方设法地鼓励自己、激励自己。

三是给自己一点压力。有压力才会有动力，为了提高效率，我们还要给自己一定的压力，如向自己、上司或团队等承诺达到某种执行的效果，让自己绷紧神经。

3. "C"（Check）——检查

检查是这套方法中至关重要的一环，它通常包括"自检"和"被检"。

所谓"自检"，是指我们要每天"三省吾身"，通过不断的自我反省，来及时地发现问题并解决问题。由于该方法对自我的要求甚高，所以在现实生活中，往往很难有人能够真正地做到这一点，对此，我们可以适当延长每次自省的时间间隔。

所谓"被检"，是指我们被动地接受他人的检查。例如，在我们所工作的企业中，具有一套完善的监督或检查机制，那么，我们便只需严格遵守该机制即可。如果没有检查机制，可以让自己身边的亲友来进行监督。

4. "A"（Action）——处理

一般情况下，检查以后，人们往往都会采取以下三种处理方式。

一是奖惩。即根据检查的结果进行奖励或惩罚。

二是标准化。将成功的经验进行标准化，形成可以推广的模式。

三是分析原因。分析工作没完成的原因，并将其放到下一个循环中。

番茄工作法：一种高效利用时间的执行方法

所谓"**番茄工作法**"，是指**选择一个待办任务，将番茄时间设为25分钟，专注工作，中途不许做与任务无关的事，25分钟之后，休息5分钟，再开始下一个25分钟的工作。这种方法可以使自己在工作时注意力高度集中**，从而达到提高效率的目的。对于执行力较低的人来说，这种方法常能减少工作被打断的次数，并可以最大限度地集中他们的注意力，使他们时刻保持工作的热情和动力。

也许，你会对这一方法不屑一顾，那咱们不妨来看看它是如何产生的，没准你就会改变看法。

那一年，番茄工作法的创始人弗朗西斯科·西里洛还在大学里读书。作为一名学生，他有一个十分不好的习惯，那便是凡事总喜欢拖延，更要命的是，随着拖延症的日益严重，他已经无法让自己的专注力保持10分钟以上。很显然，这非常不利于他的学业，因为他根本没办法静下心来读书或是做题，为此他感到十分苦恼。

这天，弗朗西斯科像往常一样想努力学习，可坐在房间里的他只要一听见外面有任何的风吹草动，便会不自觉地起身想要出去。为了提高学习效率，他还跟自己打了一个赌，赌自己可以安静地学习10分钟，结果却被自己狠狠地鄙视了一番，因为他压根做不到。

弗朗西斯科觉得自己不能再这样下去了，必须想个办法来提高学习效率，否则不仅无法顺利地从大学毕业，自己的人生也可能会因此而一团糟。后来，他想到了一个好主意，那就是将时间进行均衡的分割，并在每个时间段设置好学习时间和休息时间，为此，他还用了一个番茄形状的计时器来计时。

做好所有的准备工作后，弗朗西斯科便开始了自己的第一次实验：他首先将计时器调到了25分钟，这是他的学习时间，在这段时间里，他要专心致志地学习，直到计时器响起。随后，他休息了5分钟，在这段时间内，他离开了自己的书桌，去做一些想干的事情，如喝水、上厕所等。紧接着，他又设定了一个25分钟，并按照之前的方法继续学习，然后再休息5分钟，如此往复。

在番茄计时器第4次响起时，弗朗西斯科决定奖励自己一个20分钟的"长休"，然后再按照上面的流程重复。就这样，他创造出了"番茄工作法"。

弗朗西斯科在番茄工作法的帮助下，快速提高了自己的学习效率。虽然25分钟的时间并不算多，但是两个25分钟、三个25分钟、四个25分钟呢？当全部的25分钟都加在一起时，所产生的效率可就不是一般的高了。这便是该法的神奇之处：能让效率在时间的加持下成倍地增长。

相信不少人已经接触过番茄工作法，尤其是关注过时间管理的人们，但他们并不一定懂得如何去运用。对此，咱们不妨一起来看看具体的使用方法。

1.准备工具

通常需要准备一支笔、一个计时器和一张当日的工作清单。准备完毕后，开始填写计划表，即按照事情的急要程度来对所有事务进行排序。

2.具体操作

第一步：对时间进行分割。

从最重要的任务开始，将当天需要完成的每一个任务都划分为30分钟的"番茄时间"。例如，我们上午要完成学习资料的收集，对此，我们预估可能会需要大概两个小时的时间，那就要将这两小时分割成4个30分钟，在每30分钟内，有25分钟是学习时间，还有5分钟则是我们的休息时间。

第二步：将分割后的时间填入表格。

待我们分割完所有任务的时间后，接下来便要将它们分别填入表格中。例如，收集学习资料需要用4个番茄时间来完成，就可以在这件事的后面画上4个番茄。

第三步：在计时器的帮助下执行。

最后，我们要做的便是先定时再执行了。将计时器调至25分钟，然后开始工作，当计时器响起时，我们再定时5分钟，让自己休息一下。需要记住的是，每当我们完成一个番茄时间，就要划掉任务后面的一个番茄图案，这能给予我们动力。

3.记录与总结

运用番茄工作法的过程中，我们要一一记录每项任务最后的完成时间，看看我们是否都是在预估的时间内完成。对于按时完成的事项，我们可以适当地给予自己一点奖励，而对于没有按时完成的，我们则要进行总结，找出其中的原因。

利用前瞻记忆：牢牢记住你要采取的行动

很多时候，对于那些重要的事情，我们都会事先放进大脑里，以提醒自己按时去执行，可到了既定的时间后，我们可能会被其他事绊住，忘了原本计划去做的事，结果导致不得不推迟，这就造成了拖延。这时，我们就需要利用大脑中的前瞻性记忆来帮助自己牢牢地记住这些重要的待办事项，唯有如此，我们才能确保这项任务能够顺利地完成。

所谓"**前瞻记忆**"，是指记住在将来某个恰当的时间去执行自

己先前脑海中有意向的事件。通俗地说，也就是**按时去完成大脑预先设定好的计划**。

接下来，我们一起来看看，前瞻记忆太弱会导致什么样的后果。

这天，正在公司上班的小旭接到了妻子打来的电话。原来，孩子的幼儿园举办秋季运动会，学校要求每一位宝爸、宝妈都尽量抽空来参加。

虽然学校没有强制性地要求父母必须到场，但这次活动是孩子上学以来参加的第一次大型集体活动，加上孩子也报名了接力赛，所以，无论是小旭的妻子还是孩子，都对这次运动会非常重视，他们一致要求小旭当天务必要去，哪怕是请假一天，不要这个月的全勤奖，也要去参加学校的运动会。

妻子打电话来正是为了提醒小旭千万不要忘了这件事。小旭挂断电话后，便继续趴在办公桌上埋头苦干。由于他事先已经请了半天的假，所以上司并没有给他安排过多的工作。待小旭陆续完成了那些重要的工作后，他抬头看了看办公室里的挂钟，距离上午的下班时间还有半个多小时。于是，他习惯性地拿出手机，点开了熟悉的游戏界面。

"哟，不错啊，兄弟，你最近这技术练得相当可以啊！"

"哎呀，我的大神，你就别笑话我了！对了，你怎么跑我这来了？"

"我看你是玩疯了吧？已经到午饭时间了！今天老大不在，

咱俩切磋切磋。"

"行！反正我今天下午也没什么事，就陪你到底！"

"好哥们，够义气！走，什么也不说了，今天的午饭我请了！"

就这样，两人有说有笑地离开了办公室，回来后就躲进茶水间的储藏室玩起了游戏。不知不觉中，他们玩到了下班时间。当小旭哼着小曲准备下班时，才想起孩子学校的运动会，可一看时间，估计妻子和孩子早就已经回家了。再仔细一看，手机里竟然有几十个未接来电，原来他当时为了玩游戏，把手机调成了飞行模式，这下可算是彻底完了。

也许，当你看完小旭的故事后，会在心里暗暗地说一句"活该"，可反观自身，你是否也曾做过不少类似的事情呢？不可否认，这件事的确是小旭的错，但从内心来讲，他宁愿将自己的手机给砸了，也不想看见妻子和孩子那张失望的脸。这便是拖延症患者的通病，明明心里知道不做这件事的严重后果，却在习惯的影响之下，不由自主地选择了不去完成，以致行为不受控制地出现了偏差。

要知道，控制我们行为模式的是大脑，而前瞻记忆正是我们大脑中的预设指令，只要我们能好好利用这种思维模式，就能有效克制拖延症。通常，前瞻记忆可分为时间和事件两种，我们唯有将两者有机地结合在一起，才能做到在正确的时间做正确的事，从而摆脱拖延的困扰。

那么，我们具体应该怎么做呢？我们可以从以下几个方面入手。

1.反复提醒，增强大脑记忆

很多时候，我们之所以会遗忘要做的事情，是因为大脑对它的记忆不够深刻，所以，我们不妨通过反复地提醒来增强大脑的记忆。对此，我们可以试着从动机入手，如在提醒自己的同时告诉自己完成这件事能获得哪些收益，如升职加薪等。据实验证明，动机的确会对前瞻记忆产生一定的影响，而事实上，一件重要的任务显然比不重要的任务更容易记住和执行。

2.借助工具，给予自己提示

倘若在加深记忆的同时，我们还能接收到来自外界的提醒，效果必然更好。对此，我们不妨借助一些必要的工具，如可以在日历上做明显的标记，也可以将闹钟调至需要做事的时间，还可以直接将和这件事情有关的事物，统统放到显眼的位置上。

3.自我惩罚，为下一次助力

当我们因记不住而拖延时，若轻描淡写地放过自己，那么类似的剧情便会重复上演，这显然不利于我们下一次的行动。所以，当我们第一次犯错时，不妨给自己一些适当的惩罚，好让大脑牢牢记住这一次的教训，避免下次再犯。对此，我们可视后果的严重程度来决定惩罚的力度，如我们只是忘了刷碗，那就罚自己洗碗三天，若是在工作上丢了个大单，则扣掉当月的零用钱。

艾维·李的方法：使用简单的规则指导复杂的行为

也许大家都曾有过这样的感受：当我们在做某件事时，会觉得要想做好这件事，就必须先去完成另一件事，于是我们放下了这件事，跑去处理另外一件事情。在执行任务时，有些人总会像上面这样，**不自觉地将简单的事情复杂化**，从而**在无形中增加完成工作的难度，使得自己因阻力过大而选择拖延，降低效率**。对此，我们不妨借鉴艾维·李的方法，用简单的规则来指导复杂的行为。

理查德·德普雷的故事正是对这一方法的最好说明。

理查德·德普雷是一个做事雷厉风行的人，他要求员工的报告在基于事实的基础上，要做到简单明了。在这种追求简单的理念之下，他逐渐形成了自己独有的一种习惯，那就是从来不接受超过一页的备忘录。

这一天，德普雷给一位新来的部门经理下达了一项重要的工作任务，即让他提出公司存在的问题。面对总经理的信任，这位经理下定决心，一定要好好把握这个展现才能的机会。他精心准备了一份备忘录，在这份厚厚的备忘录上，事无巨细地介绍了他认为公司存在的问题与处理建议等。

然而，当这位经理将备忘录送到德普雷面前时，德普雷只是轻轻地瞟了一眼，连翻都没有翻，就在备忘录的后面批示道："我不理解复杂的问题，我只理解简单明了的！请把它简化成我所要的东西！"随后，他便吩咐秘书将这份备忘录退了回去。

这件事发生后，有人曾问德普雷为何不明白下属的苦心，对此，他解释道："我工作的一部分，就是教会他人如何把一个复杂的问题简化为一系列简单的事件，只有这样，我们才能更好地去进行下面的工作。"

德普雷在宝洁公司时，一直都要求员工要不遗余力地将报告的精华浓缩到不超过一页，把问题搞清楚，将事情讲透彻。这就是他的风格，坚持只用一页便笺进行书面交流。这种化复杂为简单的做事方法，让宝洁公司形成了"一页纸备忘录"的制度，有效保证了企业办事的高效与快捷，从而造就了一家优秀的企业！

不可否认，每一件事的解决方案都不止一种，但我们为什么不能像案例中的德普雷那样，只选择最简单、有效的那一种呢？这既能节省时间、提高效率，又可以及时地将问题解决，何乐而不为？生物学家常喜欢修剪旁逸斜出的枝丫，以确保主干能长得粗壮挺拔，一名出色的执行者也应当如此，即大刀阔斧地砍掉那些不重要的细枝末节，将自己的精力集中在更能产生价值的工作上。

当然，要做到这一点并不容易，我们需要看清事物的本质，准确把握住其中的关键，才能解决最根本的问题，从而避免将事情人为的复杂化。可在执行的过程中往往会出现"知行不一"的情况，即出现"理念在天上飘，行为在地上爬"的矛盾，要想有效解决这一矛盾，我们就必须具备较高的能力与知识水平，以及对事物发展规律有着深刻的认识与准确的把握。

具体而言，我们可从以下几个方面入手，来灵活运用艾维·李的工作法。

1.化繁为简，不断简化自己的清单

对我们来说，简化的事务清单往往更有利于我们的执行。在经过简化的清单中，我们一眼就能看清哪些事情重要，哪些事情次要，以及哪些事情压根不重要，从而在自己心里有一个大致的轮廓，这能帮助我们更快地完成任务。具体来说，我们可以建立一个快捷清单，将最重要的几件事写在上面，以便于我们优先去执行。需要注意的是，这种清单上最多只能列5件事，再多易使人陷入疲劳。

2.关注核心，集中火力做重要的事

无论什么时候，我们都要分清事情的轻重缓急，唯有如此，才能达到提高执行效率的目的。也就是说，我们要从众多需要完成的事务中，筛选出最重要的也最紧急的那一项优先去执行。待我们集中火力完成了这件事后，再按照事情的急要程度，分别去做那些重要的、次要的、不重要的事情。这能让我们在执行最重要的事时，将自己有限的时间和精力高度集中，从而提高事情的完成率。

3.精简步骤，避免不必要的时间浪费

在执行的过程中，我们还要尽可能地精简步骤，以避免不必要的时间浪费。简单来说，就是要用最简单、直接的方法去做事。例如，写论文时引用某本书中的一段文字，我们只需直接去当地资源最丰富的图书馆去借阅这本书即可，这样既能确保引用准确，又能避免因为到处乱找一通最后却没找到权威的版本，白白浪费时间。

排除干扰：提前设定好应对"不速之客"的策略

有时，造成我们拖延和效率低下的原因并非出自我们自身，而是由于受到了外界的干扰。例如，当我们正在工作时，公司的新人或同事前来请教，或被上司指派了另一项新的任务等。若想避免出现这种情况，消灭拖延恶习，我们就要**学会统筹规划，提前设定好应对"不速之客"的策略，方能提高效率。**

生活中，我们常常会被别人打扰，这不，想考英语四级的梅梅

就碰上了。

梅梅是一名大学生，最近这段时间，她都在为即将到来的英语四级考试做准备。为了能够顺利地通过这次考试，她给自己制订了一系列的学习计划，原本信心满满的她却因各种突发状况而无法安静地学习，这使得她的内心焦虑不已。

这天，梅梅像往常一样，一下课便赶紧回宿舍学习英语，可她刚坐下来没多久，闺密便急匆匆地过来找她。询问之下她才得知，闺密不小心弄丢了自己这个月的生活费，看着她急得都快要哭了，梅梅只好打消学习的念头，跟她一起寻找那笔生活费。经过一番周折后，闺密在自己的枕头里找到了这笔钱。

从闺密的宿舍回来后，梅梅便坐在书桌前开始了学习。没过多久，外面突然出现了一阵骚动，原来是那几位推销生活用品的女生又来了，大家都聚集在楼梯间看货和选货呢。外面的声音越来越大，梅梅也无法再继续安静地学习，正当她准备听听音乐，放松一下时，室友们却硬拉着她一起出去看看。

就这样，梅梅整整一个下午的时间都在各种干扰中白白地浪费掉了。

也许你会觉得梅梅效率低下的原因是运气不好，碰巧那天突发情况比较多，可在现实生活中，类似的情况却有不少人都曾亲身经历过。事实上，受到干扰是不可避免的，虽然这些"不速之客"

会分散我们的注意力，导致我们不得不拖延那些需要完成的事情，但我们也可以想办法尽量减少这种干扰，或将干扰造成的不良影响降到最低。

无论是工作中，还是生活上的事情，很多时候都不是一个人就能完成的，当别人来寻求我们的帮助或合作时，即便没有打乱我们的工作计划，也会占据我们有限的时间与精力，从而导致我们做事时效率下降。而对于患有拖延症的人来说，这无疑又是他们逃避现实的一大借口，他们每每都是借着别人的干扰更加拖延。

那么，怎样才能排除干扰，赶走那些"不速之客"呢？具体的方法如下。

1.避免不必要的干扰

对我们而言，杜绝外界的干扰是一件不可能实现的事，所以，我们能做的便是避免那些不必要的打扰。对此，我们首先要给自己营造一个良好的工作环境，明确地划分出属于自己的办公空间。其次要学会统筹规划，将可能打扰到自己的事尽量集中到一起处理。最后学会委婉地拒绝别人，对于可以说"不"的事一律拒绝，对于那些无法拒绝的事情，则可以选择适合的时间去完成。

2.巧妙应对上、下级的干扰

通常，对于上级发号的指令我们往往都不敢轻易拒绝，有些人甚至连个"不"字都不敢说。若想避免受到上级的干扰，我们就要好好想几个妙招了。对此，我们可以采取躲避的策略，即在完成紧要任务时尽可能地避免与上级见面，也可以在制订工作计划时征求其意见，好让他清楚地知道我们的工作安排，从而避免其在工作时间来打扰我们。此外，我们还可以尽量将自己的工作日程与上司同步，以减少他额外的干扰。

而作为上级，难免会被下级要求授权或指导工作等，要想尽可能地避免这些情况的发生，我们就要提前准备一些应对的策略。例如，我们可以在公司内部开设交流群，让下属将需要解决的问题都一一做好记录，待我们抽出时间后再逐一去处理；也可以给予某些下属充分的授权，让他们帮自己处理某些问题。

3.应对"不速之客"的策略

有时，我们还会遭遇突如其来的访客，对此，我们要做的便是尽快结束。具体而言，我们可以选择礼貌地拒绝，也可以提前告知对方结束的时间，还可以说些带有暗示性的话来提醒对方尽快结束等。倘若遇到"硬骨头"，那我们不妨干脆直奔主题，并让对方简明扼要地说出重点，从而在尽可能短的时间内结束这次的拜访。

奖赏效应：不拖延的行动值得你的奖励

只要我们的行动足够及时，没有被自己的拖延症捆住手脚，那

不妨在适当的时候给予自己一些奖励。虽然这只是暂时获得了成功，但我们若想让自己更有勇气和动力去对抗拖延，就必须学会合理地奖赏自己，毕竟我们也为此做出了巨大的努力。其实，这就是心理学上的"奖赏效应"。**奖赏常常能刺激我们的大脑，使其分泌出大量的多巴胺，令我们处于兴奋的状态，增强自身的行动力。**

不妨来看看下面这个案例中的张阳，是如何用奖赏效应获得成功的。

张阳来自一个小地方，他已经打拼了好几年，在攒够了第一桶金后，决定向公司辞职，开始自己创业。起初，由于公司太小，常常面临招不到人的尴尬局面，后来，他给出了同规模公司的最高薪资，这个问题才渐渐得到缓解。可当公司即将步入正轨时，他又遇到了新的问题：留不住人才！

像所有的企业一样，随着公司越做越大，需要的人才也越来越多，由于张阳给出的薪资、待遇等条件都不错，常能很快招到想要的人才。然而，在短短半年的时间里，这些人却纷纷选择了离开，不是去了其他的公司，就是换了个新的行业。面对如此频繁的人事变动，张阳不得不思考造成这种现象的原因。经过多番打听，他才知道问题出在了对员工的奖励上，他们需要的已不仅仅是物质了。

为了解决这个难题，张阳特意咨询了专业人士。原来，在创业初期时，员工们都非常清楚自己就是一头"开荒牛"，公司能给予自己最好的奖励就是涨工资，所以，这段时期只要出高薪就能招人和留人。可随着公司的不断发展，员工内心的需求也发生了变化，他们除了需要金钱来维持生计，也渴望满足自己的虚荣心和成就感等。此时，公司就需要设置一些精神上的奖励了。

明白了这一切后，张阳决定在公司内部设置一些特殊的奖励，如每个月的"劳动模范奖"、销售部门的"业绩冠军"、积极参加公司活动的"活跃分子奖"……总之，他新设置了五花八门的奖项，虽然这些奖项的奖品并不值钱，有的甚至就是奖励休息一天，却为公司留住了不少的人才。

从张阳的案例中我们不难看出奖赏对于一个人的重大激励作用，正在努力对抗拖延症的我们，常常也需要这样鼓舞一下自己的士气。其实，在执行的过程中，我们是需要不断地鼓舞和奖励的，如遇到困难或阻碍时，我们需要适当的奖赏为自己打气；在缺乏支持与帮助的情况下，我们需要一些奖赏来赋予自己动力；在坚持不下去时，我们需要一定的奖赏来给自己信心……

很多时候，奖赏就像是给自己准备的兴奋剂，可以使我们恢复到"满血"的状态。也正因如此，在我们的行动获得成功后，就应当给予自己一些适当的奖赏，如可以让自己停下来，休息几分钟；也可以犒劳自己一杯香气扑鼻的咖啡等。这些奖赏不一定要花费很多钱，只要能令自己开心就好。

具体而言，我们可以从以下这几个方面，来对自己进行奖赏或鼓励。

1.实实在在的物质奖励

一提及奖励，很多人的脑海里便会浮现出"物质"两个字。的确，物质方面的奖励既实在又具体，确实能给予我们较大的刺激，也常常能引起我们内心的波动，所以，实实在在的物质奖励往往效果很好。对此，我们可以奖励自己一顿丰盛的美食，也可以适当地给自己买些小礼物，还可以提高自己当月的零花钱等。

2.不可或缺的精神食粮

其实，奖励并不一定就非得是物质方面的，如金钱、美食、礼品等，有时相对于这些实在的事物，我们往往更需要精神层面上的鼓舞和激励。例如，当我们感觉到疲累时，需要的就不是什么名牌手表，而是能让自己放松的休息时间。由此可见，精神方面的奖赏亦是不可或缺的。

对此，我们可以视执行成果的大小，来对自己进行奖励。可以是一杯咖啡，也可以是工作结束后看一场电影或听一场音乐会，还可以在按时完成某项大工程后，给自己适当的放一个假、安排一次远游等。

3.特殊奖赏

在执行任务的过程中，我们还可能会遭遇一些特殊的事情，如

某个计划出现了漏洞、某项工作我们比预期的更早完成等。对于这些特殊的情况，我们还应当设置一些特殊的奖励。例如，当我们及时解决了漏洞，并按时完成了自己的工作时，我们不妨给自己买一个期盼已久的小礼物，让内心的欢愉加倍，从而更卖力地工作。

视网膜效应：在模仿和学习中提升自己的执行力

所谓"视网膜效应"，是指**当自己拥有一件东西或某种特质时，就会不自觉地去观察别人是否也跟我们一样**。这其实是我们心理上的趋同性，为了避免成为孤独的"异类"，我们会下意识地去关注别人与自己的共同点。该效应有个明显的特征，那就是人会**在趋同心理的影响下，下意识地去模仿他人**，我们若能利用自己的这一心理去学习别人高效的执行力，便有助于克服自己的拖延症。

张铭是个正在读大学的学生，由于大学的学习氛围比较自由，主要靠学生课后自主地去学习，所以，自我约束力较差的他渐渐过上了散漫的生活，养成了拖延的毛病。对于学习上的事情，只要老师不催，他就会无限期地拖延下去。

一个学期结束后，当张铭看见自己的成绩排在最后几名时，才猛然惊醒，若自己再这样继续拖延下去，很可能就会白白浪费四年的光阴。于是，他决定挽回局面，可现在的他已经懒散成性，并不是那么容易就能改正过来的。为了战胜拖延的恶习，他决定模仿班里"尖子生"的学习计划，提高自己的学习效率。

有了计划后，张铭将目光放在了同寝室成绩最好的一位同学身上，一来是因为他跟那位同学关系还不错，二来是由于住在同一个寝室便于自己模仿。于是接下来的时间里，他便跟那位同学成了一对"连体婴"，除了假期，几乎每天都形影不离地黏在一起。一段时间后，在对方的影响下，他的成绩果然有了提高。

随后，张铭又升级了自己的计划，开始跟年级的优秀学生做朋友，不断模仿和学习他们的学习方法，来提高自己的成绩。在一次又一次的模仿和学习中，他终于摸索出了一套适合自己的学习方法。通过不懈的努力，在短短一个学期的时间里，他不但克服了自己拖延的恶习，学习成绩也获得了大幅度的提升。

没错，张铭正是在视网膜效应的帮助下，通过不断的模仿和学习，提升了自己的执行力，从而达到了提高学习成绩的目的。其实，模仿是我们与生俱来的一种天赋，对于患有拖延症的人来说，它更是我们战胜拖延的一种利器，因为它无须我们挖空心思去思考，只需要按部就班地照做即可，简单又易操作。

实际上，我们还可以利用"视网膜效应"去学习和借鉴他人的优点和长处，就像案例中的张铭那样，借鉴室友的学习计划，学习优秀同学的学习方法。但需要注意的是，这种学习和借鉴不能长期使用，否则便会形成一种依赖，不利于我们从根本上战胜拖延症。对此，我们可以通过总结来摸索适合自己的方法。

看到这里，有人可能会问：那我们应当如何正确运用视网膜效应呢？

1.尽量去关注优点

卡耐基曾提出这样一个观点：每个人的特质都是由正、负两种能量构成的，其中大约80%属于优点，而剩下的20%属于缺点。换言之，即在这个世界上，绝大多数人都是优点大于缺点的。那么，我们为何不利用这一特性，多去关注自己和他人身上的优点，从而让自己去学习和模仿呢？对此，就需要我们学会仔细观察了，如在平日的生活中，细心观察自己身边的人，看看都有哪些可取之处等。

2.与优秀的人交朋友

所谓"近朱者赤，近墨者黑"，我们要想让自己变得更优秀，就要多结交一些优秀的朋友，同时还要远离那些坏的典型。对此，我们可以从身边最优秀的人入手，让他将自己拉进优秀者的"圈子"，进而结识更多优秀的人；也可以选择主动出击，去结交那些我们不熟悉的优秀者等。

3.适当地进行反思

当然，我们也不能一味地去学习和模仿，还应该适当地进行一下反思。比如说，当我们与优秀者面对同一件事时，我们可以思考自己与对方的差距在哪，是什么导致了我们不够优秀，为什么他能如此高效地完成而自己却不行……只要我们能找到这些问题的答案，那么，便会让自己离高效更进一步。

❓小测试：你是不是一个拥有高效执行力的人

很多时候，我们都是"计划满天飞，行动无所谓"，以致没有一项计划能够顺利地完成。对此，也许有人会说，我们也不是故意要如此，可不知怎么的，最后就成了这样的结果。殊不知，这便是执行力太差的体现，一个拥有超强执行力的人，是绝不会允许自己的计划流失的。

看到这里，你是不是也想知道自己的执行能力如何呢？下面就一起来测试一下吧！

请根据自己在日常生活中的习惯性做法，选择其中最适合的那个答案。

1.你是否能在规定的时间内完成工作，尤其是上司特意交代过的任务？

A.几乎每次都能做到

B.大多数时候能够做到

C.偶尔可以按时完成

2.面对自己需要完成的工作，你是否有过找借口推托的经历？

A.从来没有发生过这样的事情

B.有过那么一次到两次的推托

C.类似的事情至少发生过三次以上

3.当你正在埋头苦干时，突然有一位同事来请你帮忙，可你自己的工作也需要尽快完成，对此，你通常会选择怎么做？

A.快速说明拒绝的原因，然后继续完成自己的工作

B.视彼此的交情而定，关系好就帮，关系不好就不帮

C.二话不说，直接放下手头上的工作去帮助同事

4.当上司委派给你一项重要的工作或任务时，你会如何去处理？

A.立刻开始前期的准备行动

B.先弄清楚预期目标和截止时间再去做

C.先放在一旁，等到恰当的时候再着手去做

5.当你正在家里享受欢乐的时光时，上司却打电话让你立刻回公司一趟，对此，你通常会选择怎么做？

A.放下电话，立刻赶去公司

B.先跟家人解释一番，再去公司

C.继续享受一会儿再动身

6.这天，上司找到正在工作的你，临时给了你一项紧急任务，你会怎么做？

A.立刻去处理那项紧急任务，然后再继续自己的工作

B.内心纠结了一会儿，但还是去做了那项紧急任务

C.等自己手头上的活干完了，再去执行那项紧急任务

7.你与上司一起去见客户，上司突然发现少了一份资料，于是让你拿着U盘赶紧去附近打印，这时，你通常会怎么做？

A.立刻去打印，并在第一时间赶回来交给上司

B.反复确认需要的那份资料，然后再去打印

C.悠闲地去打印，并且还一路闲逛着回来

8.当上司询问工作进度时，你通常会做出怎样的回答？

A."已经顺利完成了三分之二，今天下午5点前可全部完成。"

B."大部分已经完成，估计能按时完成任务。"

C."您就放心吧，我一直在干，没偷懒。"

9.在执行某个项目时，项目团队内部因意见不合产生了分歧，身为该项目的负责人，你会如何处理这件事？

A.找出产生分歧的原因并及时地去解决，保证项目顺利推进，然后再统一内部意见

B.将怨气发泄到内部成员的身上，责怪他们无法统一意见

C.睁一只眼闭一只眼，只要不上报给自己，那就当没看见

10.部门参加公司组织的体能训练时，每个人都发挥得很出色，但团体训练却成绩平平，作为该部门的主管，你觉得造成这种情况的原因是什么？

A.团队意识不强，以致合作不顺畅

B.每个人都有自己的问题，正是这些问题导致的团体训练成绩不佳

C.不是员工的错，而是评估的方法有问题

以上答案，选A选项得3分，选B选项得2分，选C选项得1分。请算好自己的分数，按照下面给出的解释，看看你的执行力如何。

30—25分：恭喜你，你是一个具有超强执行力的人。

你的执行力很强，不仅能及时完成自己的工作任务，而且能有效解决各种突发的状况。只要你能继续保持这种执行能力，势必可以收获事业上的成功。

24—18分：你具有一定的执行能力，只可惜少了几分工作的热情。

你的执行能力并不差，只是少了几分工作的热情。要想提高自己的执行力，你就必须在做事时多点细心和耐性，多加强自己的责任心，从一开始就端正自己的心态，让自己能够执行到底，唯有如此，你才能增加自己执行成功的机会。

17—10分：虽然你的执行能力较差，但只要肯下苦功还有得救。

虽然你的执行力较弱，工作完成的质量也比较差，但只要你肯在这方面下番苦功，还是能获得一定的成就的。对此，你除了要努力学习相关的知识和方法，还务必谨记：在执行工作任务时，千万不要被自己的懒惰和理所当然的思维羁绊。

10分以下：很不幸地通知你，你几乎没有执行力可言。

你在执行这方面做得并不好，很多时候，你都会推迟自己的行动，以致延误了最佳的时机。对此，你必须努力训练自己的执行力，这样才能提高工作的效率。

第九章

管理时间，彻底终结拖延的恶习

四象限法则：让你的时间更有意义

从时间管理方面来讲，"**四象限法则**"是一个非常重要的原则，它是指**我们应当将自己主要的时间和精力，放在那些既重要又紧急的事物之上**，这样才能做到高效行动，杜绝拖延。对我们而言，时间的长度往往都是固定不变的，但我们可以拓展时间的宽度，将每分每秒都用在刀刃上，让时间变得更有意义。

倘若你还是对此一知半解，不妨来看看美国商业精英鲍伯·费佛的做法。

成功者都有属于自己的一套时间管理方法，美国商业精英鲍伯·费佛自然也不会例外。为了将自己的时间用到极致，他会在每天开始工作前，先抽出一点时间来对工作进行分类，通常，他会将自己当天要做的事情，分成以下四类。

第一类是既重要又紧急的事情，包括所有能够带来新生意、增加营业额的工作，如整理新客户名单、建立新的客户档案、拓展老客户新的需求等。

第二类是重要但不紧急的事情，包括为了维持现有的状况，或使现有状况能够继续存在下去的一切工作，如召开每日的例会、检查每个项目的进程等。

第三类是紧急但不重要的事情，包括所有自己必须去做，但对公司和增加利润没有任何价值的工作，如参与公司组织的各项业余活动等。

第四类是既不紧急也不重要的事情，包括记录自己的工作日志等。

一般情况下，在完成所有第一类工作之前，鲍伯·费佛绝不会开始第二类工作，而且在全部完成第二类工作之前，绝对不会着手进行第三类工作。至于第四类工作，他会根据自己当天的时间来定，或推迟，或直接舍弃。

不仅如此，鲍伯·费佛还给自己设定了时间限制，要求自己一定要在中午之前将第一类工作完全结束。因为上午是他认为自己最清醒、善于进行建设性思考的时间。为了让自己的时间更有意义，他常告诫自己："你必须坚持养成一种习惯，任何一件事情都必须在规定好的几分钟、一天或者一个星期内完成，每一件事情都必须有一个期限。如果坚持这么做，你就会努力赶上期限，而不是永无休止地拖延下去。"

相信通过鲍伯·费佛的亲身示范，我们已经对四象限法则有了一个基本的认知。没错，它其实就是把我们的工作按照重要性和紧急性分为四个区域：既重要又紧急的事、重要但不紧急的事、紧急但不重要的事、既不紧急也不重要的事。对于拖延者来说，规划时间是件非常重要的事，我们必须谨记，工作时间拖得越长，工作效率就会越低，唯有轻重缓急安排得当，才能做到不浪费时间。

实际上，任何工作都要有先后次序之分，否则就是在盲目地工作，不但会浪费宝贵的时间，还会浪费我们的精力。心理学家通过研究发现，绝大多数能灵活运用四象限法则的人，往往干起活来既高效，效果又好。而无数的事实也证明，那些不拖延的人往往都善于规划自己的时间，从而能够高效地完成任务。

那么，如何才能灵活运用四象限法则呢？下面就进行详细的说明。

1.优先解决第一象限

通常，第一象限的事情既重要又紧急，如重大项目的谈判、需要紧急处理的重要工作等。一般情况下，这类工作要优先进行处理，因为它无法回避也不能拖延。换言之，属于这个象限的工作或任务对我们而言就是当务之急！

2.第二象限要紧跟其后

第二象限跟第一象限有所不同，放在这里的工作虽不具有时间上的紧迫性，但对个人或企业的发展及周围环境的建立、维护，都有着十分重大的影响和意义。对此，我们可以在完成第一象限的工作后，再进行这一象限的工作。

3.选择性完成第三象限

第三象限的事很紧急但并不重要，很多人都误以为紧急就一定重要，其实不然。所以，对于该象限里的工作，一定要进行认真分析，切不可被其表面迷惑，而应当有选择地去完成。

4.不妨舍弃第四象限

第四象限的工作大多是一些杂事，既没有时间上的紧迫性，也没有任何太多的重要性，所以，对于其中的一些事项，我们可以直接选择舍弃，以免浪费自己宝贵的时间！

二八法则：用主要的时间做重要的事情

工作中，经常有人会抱怨：为什么别人干活的速度这么快？为什么我花了那么长的时间，事情还没做完？的确，我们每天都要处理很多事情，除了完成领导下达的任务，还要处理同事交代的工作、下属提交的报告、家人托付的事情等，面对这一桩桩、一件件的待办事项，我们简直一个头两个大。长此以往，我们的内心便会产生抗拒心理，从而失去做事的热情，渐渐染上拖延的恶习。

其实，我们大可运用**二八法则，先找出每天中的重要事项，再**

用最主要的时间去完成，提高自己的完成率。

华强是某公司的一名高管，他每天都要面对大量的工作，由于不懂得时间管理，每每都将自己弄得焦头烂额。最近，他想与另一家企业的经理合作开展某个项目，对方也十分看好该项目的前景，所以他觉得这件事应该很快就能敲定，可谁曾想，对方却迟迟不肯签约。通过深入的研究和分析后，他发现问题出在交给对方的资料上。

原来，在递交资料的当天，华强压根就没有时间进行复查，以致错漏百出。

那天，华强像往常一样要处理诸多的事务，为了能尽可能多地解决问题，他选择了首先从那些简单的小事开始入手，如整理客户的档案、查询每个项目的完成进度、召集管理层开展每日的例会等。虽然这些琐碎的小事并不费神，可由于数量比较庞大，愣是消耗掉他整整一个上午的时间。

下午，当华强再次坐到办公桌前时，便开始接待他人的拜访了。由于是月末结清账单的时间，来了不少大型的供货商，其中有些人上午便过来了，华强已抽空接待了他们。对于下午来的供货商，华强热情地与每个人进行交谈，先询问对方的近况，再慢慢将话题转移到工作之上。

接待完供货商后，接下来就是处理那些重要的事情了。华强没有按照重要程度来依次处理，而是随机地拿到哪份文件便处理哪件，当他拿到那份有问题的资料时，对方经理已经打电话来索要了。于是，他大概看了一眼便差人赶紧给对方送过去，并没有按照公司规定的那样进行复查。

显然，华强将时间都花在其他并不重要的事情上，以致没有足够的时间来认真审查这份资料。就这样，他不但失去了这次合作，还给对方留下了坏印象。

从华强的案例中，我们不难看出二八法则的重要性，倘若他能将主要的时间用来做重要的事情，便不会因合作资料出了问题，而丢掉这次以及将来与对方公司的合作机会。其实，无论我们每天需要面对多少工作，都必须先牢牢抓住那些重要的事情，否则，其他事情就算完成得再好、再多，也没有把力气用到点上。

对于患有拖延症的人来说，很多时候，并非自己的时间不够，而是经常抓不住重点，以致被琐事牵绊，忽略了真正需要完成的任务，心安理得地将其一拖再拖。他们甚至还认为，琐事亦是工作的一部分，先做后做结果是一样的。结果时间就在这种自欺欺人中白白地流失了。那么，怎样才能充分利用二八法则，彻底终结拖延的恶习呢？

1.找出重要事情

要想利用二八法则来治愈拖延症，我们首先要做的，就是找出那些重要的事情，这样才能顺利进行下一步。对此，我们可以通过估量来予以确定。所谓"估量"，是指用目标、回报、满足感三大原则，对自己需要完成的所有事项进行估算和衡量。换言之，即按照三大原则对工作进行逐一排除，但凡能够满足条件的，就是我们需要找出来的重要事务。

2.精心确定主次

待找出重要的事务后，接下来，我们要做的便是精心确定重要事项的主次。对此，我们可以按照不同事务的重要程度来进行分类，如可以分成重要的事、次要的事、不重要的事、完全没必要的事等。对于完全没必要的事情，我们可以直接将其放到今后处理；对于不重要的事情，我们可以稍晚些时候再去完成；而对于次要的事情，我们不妨交给其他合适的人去做。如此，我们便能专心地去做重要的事。

3.制订实施计划

最后，我们要做的就是制订实施计划，让自己更高效地去完成那些重要的事情。唯有如此，我们才能充分利用自己的每一分每一秒。关于这一点，我们可以借鉴第七章第一节讲到的方法，做的计划既要详尽、务实，具备必要的可操作性，又要明确标注事情的起始时间和完成时间。完成了计划后，我们便只需按部就班地去执行即可。

零碎时间：别小看任何一个"几分钟"

随着生活节奏的加快，人们的时间被划分得越来越破碎，而不少时间因过于零碎而不受重视，如等公交车的时间、等约会迟到的人的时间、坐在马桶上的时间……这些毫不起眼的时间碎片，便是我们所说的"**零碎时间**"，即**生活中的零星、片断的时间**。我们**若选择忽视它，它就会悄悄地溜走，反之，如果我们充分地利用它，它将成为对每天工作时间的一种补充，帮助我们提高做事的效率。**

每当有人问阿德在大学学到了什么，他总会一脸自豪地说："时间魔法！"

直到今天，每次回忆起在大学的那段时光，阿德都不由得绷紧神经，因为他所在的大学素来都以紧张和高强度而闻名，学习节奏快得离谱，要想顺利地毕业，仅靠课堂上那几十分钟是远远不够的。且不说预习和复习需要耗费大量时间，单单是完成教授们布置的作业，就足以占据大半的课余时间了。

然而，每个人的一天都只有24个小时，怎么才能挤出更多的时间学习呢？对此，阿德学到了一套"时间魔法"——充分利用零碎时间！自从有了这套"时间魔法"，任何可以利用的时间，他都能丝毫不差地用在学习上。学习时间变充裕后，他每天除了阅读资料、查找文献，还能时不时地弄点业余爱好。

那么，阿德究竟是怎么做的呢？首先，他会利用类似课堂休息、饭前饭后、等车间隙之类的零碎时间，根据时间的长短来安排学习内容，如看书、背单词、思考问题，以及听教授的公开课等。其次，无论是打车，还是坐公交或乘地铁时，他都会从事先准备好的包里，拿出一些便于携带的资料来学习。最后，放学后，他会留在教室学习半个小时再去食堂，以错过就餐高峰期，避免把时间浪费在排队打饭上……

在"时间魔法"的帮助下，阿德的学习成绩突飞猛进。对此，班里的同学们都羡慕不已，每每有人问他秘诀，他总会自豪地说："我比你们的时间多！"

你是不是也想学习阿德的"时间魔法"呢？如果答案是肯定的，就一定不要小看任何一个"几分钟"，因为它们不仅能扩充我们的时间，还可以帮助我们克服拖延。要知道，每一次拖延都意味着时间的浪费，时间一旦流逝便不会再复返，唯有充分利用这些零碎的时间，我们才有可能补上以往失去的部分。

其实，与其抱怨自己的时间不够用，不如千方百计地去改善它。倘若你想抱怨，不妨想想为什么别人能完成的事，而你却完成不了？要知道，别人的时间可是与我们一样多，他们也是一天24个小时。答案就是他们充分利用了不起眼的"零碎时间"，与你相比，他们每天的时间都延长了。

说了这么多，究竟怎样才能更好地利用零碎时间，提高我们做事的效率呢？

1. 25分钟读书法

"25分钟读书法"由美国效率研究专家M.J.拉伊里博士提出，他经过研究发现，人的注意力可以持续集中的时间只有25分钟。换言之，即每次只读25分钟的书最高效。对此，我们大可将读书安排在25分钟的片断时间里，如坐车的时候、工作的间隙、每晚的睡前等，这样既放松了自己，又学习了知识。

2. 用零碎时间来打电话

在工作和生活中，我们常常需要拨打一些算不上急要的电话，如向客户表达节日祝福、与同学联络感情等。对此，与其占用我们有限的正常时间，不如趁着走路、等车或等人的时间空隙来完成这些事。当然，如果零碎时间充裕的话，我们不妨给久违的朋友打个电话，没准还有意外的惊喜。

3. 坐马桶时可以算账

很多人坐马桶时往往不是翻看报纸、杂志，就是拿着手机或平板电脑浏览网页、玩游戏，殊不知，这也是我们可以利用起来的零碎时间。很多人都有记录日常开销的习惯，为了弄清楚自己的资金流向，我们常常会特意抽出一段时间来做这件事，其实，我们完全可以坐在马桶上完成它，不浪费其他整块的时间。

时间投资法：用更短的时间创造更多的成果

做每件事都需要正确的方法，也许对于上级交代的任务，你一直都努力地去做，却怎么都无法完成，或在执行计划时，你越做越觉得不对劲，只好重头再来一次。其实，这些都是因为方法不对，让努力成了白费。有时，并**不是我们的时间不够用，而是处理事情的方法错误，以致将时间都浪费在了执行的过程中。**

要想避免出现这种情况，我们就应当采用**时间投资法**，学会用**更短的时间去创造更多的成果**，从而达到事半功倍的效果。

圣地亚哥的艾尔·柯齐酒店在当地非常著名，不少游客都纷纷慕名前来，尤其是在旅游旺季，酒店几乎可以用人满为患来形容。虽然酒店的空房足够大家入住，可电梯每天的载客量却是固定的，以致很多客人投诉电梯太拥挤。为了解决这一难题，管理者决定增加电梯的数量。

于是，酒店管理者请来了工程师、建筑师等相关专家共同来商讨具体的实施计划。经过初步的研究与分析后，大多数人都认为在每层楼打一个大洞，然后在地下室多装一个马达的办法最可行。可还没等大家开始进一步讨论就有人提出，这会使酒店里到处尘土飞扬，同时还会发出巨大的噪声，到那时，不仅影响客人们入住的心情，也不利于酒店的声誉。

经过一番激烈的探讨后，大多数人都觉得这个办法行不通，只能另辟蹊径。

就这样，这项计划被迫延迟。这天，酒店管理者一大早便将各位专家聚在一起，讨论解决问题的方法，大家纷纷表达了自己的意见。

一位工程师无奈地说道："怎么办，难道要把酒店关闭一段时间吗？"

管理者一听这话就急了，立刻回答道："关不得，这样会让顾客误认为我们倒闭了，那酒店以后就甭想再做生意了。还是一边动工，一边继续营业吧。"

……

在大家讨论时，一旁的清洁工突然说道："如果是我的话，我会用一种更简便的方法去安装电梯，这样既能节约施工的时间，又能省去不必要的麻烦。"

听了这话，大家纷纷转头盯着这位清洁工，想听听她能说出什么具体的方法。

"我会把它装在酒店外头！"清洁工得意地大声说。

这时，众人恍然大悟，觉得这是最可行的方法。由此可见，方法不对也会浪费时间，造成行动的拖延。

这个案例道出了时间投资法的精髓，那便是找对做事情的方法，才能有效提高时间的利用率。很多时候，我们都习惯于将目光放在时间本身上，而忽视方法的重要性，殊不知，唯有使用正确的方法来处理问题，方可在有限的时间内去完成更多事。所以，我们一定要学会巧干，找准方法才能事半功倍。

那么，我们怎样才能做到这一点呢？对此，不妨遵循以下几条做事规则。

1.学会转换思维模式

在做事的过程中，每当遇到难题或阻碍时，我们常常会按照以往的经验进行处理，如果刚巧碰到了相同的问题，自然很快便能够解决，可倘若遇到的问题与之前有所不同，那我们便是在做无用功。此时，唯有改变自己的思维模式，才有可能找到正确的出路。具体而言，我们可以从以下两个方面来改变自己的思维模式。

一是与时俱进。我们要时刻关注外界的变化，一旦发现自己陈旧的想法没用，就必须果断地将其丢弃，唯有与时俱进地主动求变，我们才能掌控大局。

二是随需而变。很多时候，我们的思维方式都应当跟随需求变化，如当前的工作需要依靠经验，那么以前的思维方式便是有用的，反之，我们则要培养新的思维方式。

2.谨记：一加一大于二

每个人的能力都十分有限，只有善于与他人合作，才能弥补自己的不足，从而完成不可能完成的事，这就是合作的神奇力量。实际上，合作就是"善假于物"，通过取人之长来补己之短，最后实现互惠互利。对此，我们应当学会先给别人提供帮助，在赢得对方尊重的情况下，与其展开合作。

3.扬长避短，发挥潜能

每个人都有自己的长处与短板，要想提高时间的利用率，我们就应当学会扬长避短，唯有如此，我们方可不浪费自己的每一分钟。对此，我们要善于发现自己的长处，明确自己的短处，从而对自己做出正确的评估，这样我们才能准确找出自己擅长的事，在一次次的完美执行中，充分发挥自己的潜能。

预留弹性时间：让计划赶得上变化

很多时候，无论你的统筹能力有多强，也不管你的工作计划有多详尽，都难免会遭遇意想不到的意外，从而导致计划没能赶上突发的变化。例如，你正在进行某项工作，却被上司指派去完成另一项任务，以致你被拖延了原来那项工作的完成时间等。对此，就需要我们给时间一点弹性，预留弹性时间，让计划永远都能赶得上变化。

所谓"**弹性时间**"，是指**给工作多预留一些时间，以确保中途若出现问题，也能够使工作在原本计划的时间内及时地得到处理。**

王港是公司的高级工程师，他主要负责的工作需要与几乎所有部门进行对接，如一些数据库、呼叫处理、移动管理等。

为了方便工作，更为了节省时间，王港在干活前，每每都会事先与各个部门的相关人员约定好一些接口的处理方式。起初，按照约定工作的确能避免浪费不必要的时间，可时间一长，大家就渐渐开始各忙各的，尤其是在工作量较大的情况下，别说和其他部门的人对话，有时甚至连个人影都找不到。

看着大家忙碌的身影，王港也不好意思总去打扰别人，只能努力做好自己的工作。谁曾想，有一次，当项目快进行到最后时，竟然出现了重大的事故。

这是怎么回事呢？原来，当天技术部指派了一个新人来处理接口，由于缺少这方面的经验，在接口时偏离了那么一点点。这个新人自认为这么一点误差不会对项目造成什么影响，便没有上报给自己的领导，结果导致后面的人全都按照这个错误的接口继续进行工作，从而造成了多个接口出现偏差的情况。

王港认为只要大家都干好自己手里的活，就不会出现什么大的问题，便放心地将任务交给了各部门的领导，出于对他们的尊重，他没有监督其他人的工作，可到了他最后对接口时，才发现有好几个接口都对不上。无奈之下，只能全部推倒重来，他立刻召集员工重新改编程序，统一商定新的接口，再做一次！

后来，所有的接口总算是对上了，可大家却因此浪费了整整一个月的时间！

看到这里，你可能会觉得，王港之所以会遇到这样的问题，是因为缺少必要的沟通。的确，这无疑是其中的一个原因，但真正的问题是他的时间弹性不足！要知道，工作中出现类似的情况很常见，即便他们能顺畅沟通，也会出现其他的问题或失误，唯有让自己的时间具有一定的弹性，才能避免因为这些突发的状况耽误时间！

在工作中，我们要养成良好的工作习惯，以确保自己的时间具有一定的弹性，进而有韵律、有节奏地工作，这样一来，既可以摆脱拖延的问题，又可以提高自己的效率。不仅如此，有弹性的工作时间还能帮我们营造自由的工作氛围，在这种工作氛围之下，我们往往更能产生工作的热情和动力，从而避免时间上的浪费。

很显然，弹性时间的益处不胜枚举，可如何才能做到这一点呢？方法如下：

1.给工作预留出一些时间

对任何人而言，时间都是固定的、不可逆转的，既然改变不了时间，那就只能改变自己了。为此，我们要学会在工作之前先考虑执行中可能会出现的一些意外，从而预留出一些时间来处理，这样，就算真的出现了"不测"，我们也有足够的时间去改正，以确保工作能保质保量地按时完成，让计划能赶得上变化。

2.在对的时间干对的事

每个人都有自己固定的工作习惯，但有些人的习惯既不科学，也不合理，以致经常完不成工作。试问，这样一来工作时间如何能具有弹性？且不说你想不想给自己预留时间，就算你想留，也得有多余的时间才行啊！所以，一定要先学会在对的时间干对的事。

对此，我们可以将一些重要的、复杂的工作放在自己精力充沛的时间段来完成，而当精力不够或感到疲惫时，可处些不重要的事或进行休息。如早晨头脑清醒、精力比较充沛，这时可做些决定性的结论，或敲定计划、处理重要信息等。到了中午，由于一上午精神高度集中，需要适当的放松，所以这时适合处理些无关紧要的事，让精神放松一下。下午时，精力已渐渐恢复，可以冷静地思考，制订或修改方案或计划等。

3.用正确的方式打扰别人

在工作的过程中，我们难免会去打扰别人，如向同事借资料或进行必要的部门沟通等，若采用的方式不正确，这些就会变成一种干扰，届时，我们非但无法获得帮助，还会白白浪费自己的时间。对此，我们不妨从以下几个方面入手。

首先，我们要尽量使用干扰性不强的工具，如钉钉等线上办公软件。当然，也可以亲自前去与之面谈。

其次，若发现对方正忙得不可开交或在处理重要事务，应当识趣地选择离开，待别人忙完了再来。

再次，假如需要打扰别人很长时间，那最好先跟对方进行沟通，看对方是否有时间，以免影响对方的正常工作。

最后，如果情况十分紧急，要言简意赅地说明来意，不能长篇大论，浪费彼此的时间。

⑦ 小测试：你的时间管理能力有多强

对于每个人而言，时间都是极其宝贵的，因为只要时间过去了，便会一去不复返。也正因如此，我们对时间的管理能力才显得尤为重要。一个懂得时间管理的人，往往能比其他人更好地利用时间，他不仅可以合理地安排自己的工作，还能在有限的时间里创造出最多的成果。看到这里，你是否想问：怎样才能知道自己的时间管理能力如何呢？别急，下面这个时间管理的小测试就能帮助你！

请根据自己日常生活中对待时间的方式与态度，选出最适合的那个答案。

1.不用上班的节假日，你一大早醒来发现天气很糟糕，你会怎么做？

A.接着睡

B.不再睡觉，但仍在床上赖着不起

C.按照一贯的生活习惯，穿衣起床

2.吃完早饭后，离去上班还有一段空闲的时间，你会怎样利用它？

A.无所事事，这里看看，那里摸摸，一直到自己出门去上班

B.想干点什么，但又不知道做什么好，以致这段时间都在纠结

C.按照预先制订好的计划进行，充分利用这一段自由时间

3.除每天上班外，对自己想学的其他知识，你会在闲暇时间里怎样安排？

A.没有任何学习计划，自己高兴学什么就学什么

B.虽然没有什么计划，但是会尽自己最大的努力去安排学习

C.提前制订一份学习计划，然后严格按照计划执行

4.通常，你会如何来安排自己的日常工作？

A.几乎不安排，自己想干什么就干什么

B.前一晚临睡前会在心中稍作安排

C.前一天会用书面的形式，写出自己第二天的工作安排计划

5.你是否会为自己制订每日工作清单，并严格按照它去执行？

A.很少会这么做

B.有时候会这样

C.会经常这么做

6.你在制订工作计划时，是否会预留一些额外的时间，以备不

时之需?

A.很少会这么做

B.有时候会这样

C.会经常这么做

7.当你发现自己最近因某件事浪费了很多时间时,内心会有何感受?

A."浪费就浪费了呗!"

B."天啊,真是太可惜了!"

C."我要从现在起,抓紧时间弥补!"

8.当你被工作压得喘不上气,觉得有点力不从心时,通常会怎么办?

A.开始有些泄气,认为是因为自己能力不足,于是自暴自弃

B.依然充满了干劲,可苦于时间太少,只好更玩命地工作

C.停下来检查自己的工作安排是否合理,通过查缺补漏来提高效率

9.在学习或工作时,你会如何应对别人的干扰?

A.无所谓,听之任之

B.心里会抱怨,但又毫无办法

C.主动采取适当的措施,以防止外界的干扰

10.当你的工作效率不高时,你会怎么办?

A.强打起精神来,让自己坚持去工作

B.稍作休息,放松一下自己的身心,以利再战

C.暂时放下手头上的工作，先分析效率不高的具体原因，再用有效的方式去解决它

11.通常，你会如何来阅读与工作相关的书籍？

A.没有明确的计划，随手翻到哪里就看哪里

B.尽量让自己静下心来阅读，努力学习其中有用的知识

C.制订阅读计划，并运用快速阅读法来增强自己的阅读能力

12.你喜欢什么样的生活节奏？

A.按部就班、平静如水

B.急急忙忙、精神紧张

C.轻松愉快、节奏明显

13.你的手表或书房的闹钟等经常会处于一种什么样的状态？

A.不太清楚，因为没有过多地去关注它们

B.经常会校准它们的时间，所以比较准确

C.通常会将它们调成比标准时间稍快一些

14.你公司和家里的办公桌是否每天都能保持井然有序？

A.很少会这样

B.偶尔会如此

C.经常能保持

15.你会经常思考自己处理时间的方法，并且做出相应的反省吗？

A.很少会这么做

B.有时候会这样

C.会经常这么做

以上答案，选A选项得1分，选B选项得2分，选C选项得3分。请算好自己的分数，按照下面给出的解释，看看你在时间管理方面的能力如何吧！

35—45分：恭喜你，你的时间管理能力很强。

你是时间管理方面的高手，不仅有很强的时间观念，而且还能有目的、有计划、合理有效地去安排生活和工作，你的时间利用率很高，工作效率也非常好。

25—34分：虽然你的时间管理能力不强，但也已经够用了。

你较善于对时间进行自我管理，虽然你的时间管理能力不强，但已经足够你安排自己现有的工作了。只不过，你若能在时间的安排上再用点心，那么，你的工作效率便会更高，同时，你也可以更合理地去安排自己的学习和生活时间。

15—24分：你的时间管理能力一般，需要在这方面下点苦功。

你的时间管理能力一般，不仅时间观念比较淡薄，而且在时间的安排和使用上也缺乏目的性，因此，你经常会浪费自己宝贵的时间。对此，你需要在自我时间管理方面下点苦功，如让自己养成凡事提前制订计划的好习惯等。

14分以下：小心，你在时间管理方面就是个"小白"。

你非常不善于管理自己的时间，不仅对时间毫无概念，而且无法合理地安排和支配自己的生活、工作和学习时间。对此，你需要好好地反省一下自己，同时，你也要努力学习那些管理时间的方法，以有效提高自己做事情的效率。